计算机基础知识项目教程

（修订版）

主　审：吴帮用　严于华
主　编：黄福林　张晓梅　肖永莲
副主编：蔺　华　唐　菊　杨宇巧
参　编：关义文　罗凌凌　王泽良
　　　　宋华丽　邓远鹏　夏于琴
　　　　卢婵娟

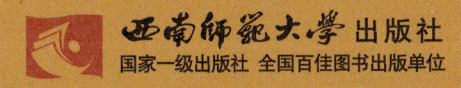

西南师范大学出版社
国家一级出版社　全国百佳图书出版单位

图书在版编目(CIP)数据

计算机基础知识项目教程 / 黄福林, 张晓梅, 肖永莲主编. -- 2版. -- 重庆：西南师范大学出版社, 2015.8(2019.6重印)

ISBN 978-7-5621-7513-1

Ⅰ.①计… Ⅱ.①黄…②张…③肖… Ⅲ.①电子计算机-中等专业学校-教材 Ⅳ.①TP3

中国版本图书馆CIP数据核字(2015)第163645号

计算机基础知识项目教程(修订版)

主　编：黄福林　张晓梅　肖永莲

策　　划	刘春卉　杨景罡
责任编辑	曾　文　李相勇
装帧设计	畅想设计
排　　版	重庆大雅数码印刷有限公司·贝岚
出版发行	西南师范大学出版社
	地址：重庆市北碚区天生路2号
	邮编：400715
	市场营销部电话：023-68868624
	网址：http://www.xscbs.com
经　　销	新华书店
印　　刷	重庆康豪彩印有限公司
开　　本	787mm×1092mm　1/16
印　　张	12.5
字　　数	320千字
版　　次	2015年8月　第2版
印　　次	2019年6月　第5次印刷
书　　号	ISBN 978-7-5621-7513-1
定　　价	29.80元

尊敬的读者，感谢您使用西师版教材！如对本书有任何建议或要求，请发送邮件至xszjfs@126.com。

编辑说明

《计算机基础知识项目教程(修订版)》根据Windows 7系统和Office 2010软件编写相应的计算机基础知识,书中的图片仅供读者在实际操作过程中参考,其内容大多不便于修改和调整,其版面格式、字词规范、图片清晰度等方面略有不足,在此做以下统一说明。

(1)由于系统和软件本身的设计原因,个别字词存在不规范的情况,在编辑该书时,在引用的图片中,仍保留软件对该字词的用法,但在文字的描述中均改为正确字词,特此说明。如"模块一项目二任务四 更改系统设置"中的"账号"一词,正确的使用应为"账号",而电脑系统和相关软件使用的是不规范的"帐号"一词。

(2)书中引用的相关网页图片,如正文64页的图2-1-20、图2-1-21,73页的图2-2-28等均是从相关网络引用的图片,其本身在编校规范、版面格式上存在不足,但由于时间仓促和技术原因无法修改,请读者予以理解。

(3)书中的"素材"是作者整理的电子资源包中的内容,该部分内容将在图书出版后,由编辑整理好在西南师范大学出版社官方网页上共享,供教师和学生使用教材时参考。如正文64页、124页、137页、148页、153页等,均是此类情况。详细电子资源包请参看网址:www.xscbs.com。

(4)该书在编辑过程中,力求做到严谨规范、图文对应、版面美观、图片清晰,但由于时间仓促和技术条件限制,书中难免存在不足之处,请各位读者批评指正。

前言

　　本教材根据中等职业学校计算机应用基础课程教学大纲的要求，以行业、企业实际管理工作对计算机知识的需要为切入点，将计算机基础知识以模块方式组织，通过项目任务的实施，把计算机的基础知识与实际工作、生活的需要有机结合起来，有效地激发学生的学习积极性，充分挖掘学生的学习能力，提高学生解决实际问题的综合能力，为其步入工作岗位从事信息处理工作奠定坚实的基础。全书以小江学习计算机知识为线索展开，在项目设计上充分体现理实一体、教书育人理念，项目素材不乏教育、砺志、感恩、奋发向上内容，如智能手机的独白、乔布斯的演讲、飞扬的青春等，书中有些项目具有开放性，有利于激发学生创新能力，如小报设计、所得税计算、贺卡制作等。

　　本书是根据《计算机基础知识项目教程》修订的教材，教材内容由原来的五个模块改为四个模块，研讨和开发由四所学校共同完成，开发了供教师和学生使用的资源包。本书参考学时数为108学时。

　　本书模块一项目一、二、三、四由重庆教育管理学校张晓梅编写；模块二项目一由四川仪表工业学校邓远鹏编写；模块二项目二由四川仪表工业学校卢婵娟编写；模块二项目三由四川仪表工业学校夏于琴编写；模块二项目四由四川仪表工业学校王泽良编写；模块二项目五由四川仪表工业学校宋华丽编写；模块三项目一、二、三、六由重庆市轻工业学校蔺华编写；模块三项目四、五由重庆市轻工业学校杨宇巧编写；模块四项目一由重庆市北碚职业教育中心关义文编写；模块四项目二由重庆市北碚职业教育中心肖永莲编写；模块四项目三由重庆市北碚职业教育中心罗凌凌编写。全书由重庆市轻工业学校黄福林统稿，黄福林、张晓梅、肖永莲担任该书主编，重庆市轻工业学校吴帮用和重庆教育管理学校严于华任主审。

　　本书可作为中、高职非计算机专业公共基础课教学用书，也可供电脑初学人员参考。

目录 CONTENTS

模块一 计算机基础知识

项目一 神奇的计算机 ... 2
任务一　认识微型计算机系统 ... 2
任务二　选购台式计算机 ... 8
任务三　使用中文输入法 ... 12

项目二 多功能的 Windows 7 ... 18
任务一　认识 Windows 7 ... 18
任务二　认识 Windows 组件 ... 22
任务三　管理文件和文件夹 ... 27
任务四　更改系统设置 ... 30

项目三 多彩的计算机网络 ... 34
任务一　组建家庭局域网 ... 34
任务二　使用 Internet "冲浪" ... 37
任务三　收发邮件 ... 41

项目四 丰富的工具软件 ... 44
任务一　学会网络沟通 ... 44
任务二　维护电脑安全 ... 47
任务三　压缩、解压文件 ... 50

模块二 中文 Word 2010 电子文档

项目一 美观的宣传文档 ... 56
任务一　观察 Word 2010 窗口构成 ... 57
任务二　准备 Word 2010 文档 ... 58
任务三　设置文档段落格式 ... 59
任务四　设置文档字符格式 ... 60

项目二　简单的短文档编辑　　65
　　任务一　设置页面　　66
　　任务二　编辑文档　　68
　　任务三　设置页眉与页脚　　72

项目三　规范的产品说明书　　74
　　任务一　规划版面　　75
　　任务二　添加样式　　77
　　任务三　添加编号　　80
　　任务四　插入目录　　82
　　任务五　制作封面　　83

项目四　精美的电子贺卡　　86
　　任务一　新建贺卡　　87
　　任务二　插入图片和形状　　88
　　任务三　插入艺术字　　89
　　任务四　插入文本框　　90

项目五　快捷的成绩报告单　　93
　　任务一　插入表格　　94
　　任务二　编辑表格　　95
　　任务三　使用邮件合并　　98

模块三　中文 Excel 2010 电子表格

项目一　漂亮的课程表　　104
　　任务一　认识Excel 2010电子表格　　105
　　任务二　制作课程表　　106
　　任务三　美化课程表　　107
　　任务四　保存及打印课程表　　108

项目二　规范的学生信息表　　112
　　任务一　制作学生信息表　　113
　　任务二　编辑工作表　　114
　　任务三　查找、替换数据　　116

项目三	快捷的学生成绩表	119
任务一	计算总分	120
任务二	计算平均分	120
任务三	统计名次	121
任务四	使用条件格式	123

项目四	直观的学生成绩统计分析表	126
任务一	制作学生成绩统计分析表	127
任务二	排序学生成绩表	129
任务三	制作成绩统计分析图	131
任务四	筛选数据	134

项目五	实用的职工工资表	138
任务一	自定义公式	139
任务二	添加"批注"	142
任务三	引用工作表间数据	143
任务四	计算个税	145

项目六	便捷的商品销售数据统计表	149
任务一	冻结标题和表头	150
任务二	处理数据	151
任务三	统计销售额	152

模块四　中文 Power Point 2010 演示文稿

项目一	飞扬的青春	156
任务一	新建演示文稿	157
任务二	设计首页效果	158
任务三	添加图文内容	159
任务四	设计结束页	162

项目二	精美的电子相册	164
任务一	新建相册	165
任务二	添加文字说明	166
任务三	设置效果	168
任务四	添加音乐	172

| 任务五 | 添加视频 | 174 |
| 任务六 | 制作目录 | 175 |

项目三　精美的咖啡厅创业计划　180

任务一	制作幻灯片母版	181
任务二	制作图表	183
任务三	制作组织结构图	185
任务四	完善创业计划书	186

参考文献　189

模块一

计算机基础知识

随着计算机技术的不断发展,电子计算机被广泛运用于人们的学习、工作和生活中。计算机操作和应用已成为人们必须掌握的一门技能。学习完该模块,应能了解计算机的基本理论知识,能够初步维护计算机软件、硬件,学会编辑中文、英文文档。

项目一　神奇的计算机

学习目标

(1) 能理解基本的计算机理论知识。
(2) 会正确、规范地使用计算机。
(3) 能识别计算机各种硬件设备。
(4) 知道计算机选购的方法。
(5) 会使用正确的指法录入中文、英文字符。
(6) 能选择并使用适合自己的汉字输入方法。

项目介绍

小江是刚进入中职学校的新生，由于专业学习的需要，他想购买一台电脑。为了掌握更多的计算机知识，他决定亲自去电脑城，组装一台全新的台式计算机。现在，他正从基础知识开始，了解计算机的功能及使用方法，逐步进入神奇的计算机世界。

项目任务

任务一　认识微型计算机系统

任务描述

学习微型计算机的基本理论知识，对计算机软件、硬件系统有明确的认识，掌握微型计算机的基本操作方法。

任务实施

一、认识微型计算机

1946年,世界上第一台电子计算机(Electronic Numerical Integrator and Calculator,简称"ENIAC")诞生于美国。在随后几十年的发展中,电子计算机分别经历了电子管、晶体管、大规模集成电路和超大规模集成电路等几个阶段。目前,计算机的发展还没有止步,正向光计算机、生物计算机、神经网络计算机等方向发展。

计算机具有运算速度快、精度高,具备记忆功能、逻辑判断能力和内部程序的自动运行等特点,主要应用在科学计算、信息处理、实时控制、辅助系统、网络通信和人工智能等方面。

计算机按体积大小分为巨型机、大型机、中型机、小型机和微型机。它不仅可以按体积划分,也可以按组成结构、运算速度和存储容量划分。

微型计算机简称微机,是电子计算机技术发展到第四代的产物,它的诞生引发了电子计算机领域的一场革命,大大扩展了计算机的应用领域。微机的出现,打破了计算机的神秘感和计算机只能由少数专业人员使用的局面,使得每个普通人都能简便地使用它,从而使微机变成人们日常生活中必备的工具之一。

二、了解计算机的工作原理

计算机系统依靠硬件系统和软件系统的协同工作来执行指定的工作任务,完整的计算机系统组成如图1-1-1所示。

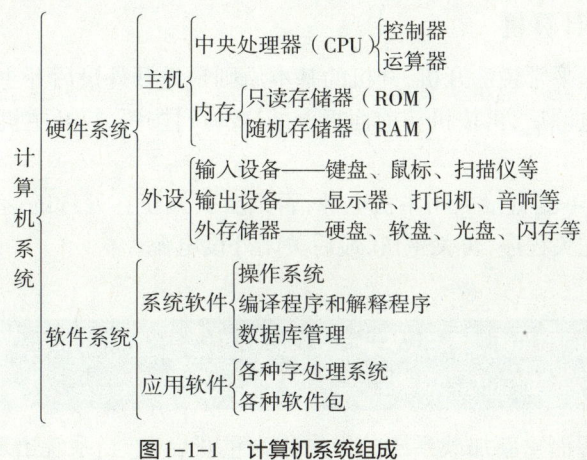

计算机系统
- 硬件系统
  - 主机
    - 中央处理器(CPU):控制器、运算器
    - 内存:只读存储器(ROM)、随机存储器(RAM)
  - 外设
    - 输入设备——键盘、鼠标、扫描仪等
    - 输出设备——显示器、打印机、音响等
    - 外存储器——硬盘、软盘、光盘、闪存等
- 软件系统
  - 系统软件
    - 操作系统
    - 编译程序和解释程序
    - 数据库管理
  - 应用软件
    - 各种字处理系统
    - 各种软件包

图1-1-1 计算机系统组成

1.硬件系统

硬件是指计算机系统中的各种物理装置,是计算机系统的物质基础。计算机硬件系统由运算器、控制器、存储器、输入设备和输出设备五部分组成,各部件之间通过数据总线、地址总线和控制总线实现数据的传输。

（1）CPU。中央处理单元的简称，是包含运算器和控制器的一块大规模集成电路芯片，担负着执行各种命令、完成各种数学和逻辑运算的任务，是微机系统的核心控制部件。微型计算机的发展过程就是CPU从低级到高级、从简单到复杂的发展过程。

（2）内存。用来存放计算机运行期间的程序和数据，又称为主存。由随机存储器（RAM）和只读存储器（ROM）构成。

（3）外存储器。用于存放大容量或计算机当前不用的程序和数据。当需要使用这些程序和数据时，计算机将其从外存储器调入内存，处理之后，再写入外存储器。因此，外存储器也称为辅助存储器，是用户保存数据的主要设备，是计算机必不可少的外部设备。

硬盘、光盘和一些常见的移动存储设备都属于外存储器。

（4）输入/输出设备，简称"I/O"设备。输入设备是将信息输入计算机的装置，常见的输入设备有键盘、鼠标、扫描仪等。常见的输出设备有显示器、打印机、音箱等。

2.软件系统

软件是一系列按照特定顺序组织的计算机数据和指令的集合。一台没有配置软件的计算机称为"裸机"，它基本上不能完成什么工作。计算机只有在安装了相应的软件之后，才能发挥它巨大的潜能。根据软件在计算机工作时所担负的作用，软件分为系统软件和应用软件。

三、微型计算机的基本操作

计算机已成为人们生活和工作中不可缺少的工具之一，正确的开机、关机方法和正确的操作姿势，是计算机操作人员必须掌握的基本知识。

1.启动和关闭计算机

启动计算机就是平常说的开机，开机的基本原则是先开外设后开主机。在打开如显示器、打印机等外部设备的电源后，再按机箱前面板上的【Power】按钮，打开主机电源，面板指示灯亮表示已打开主机。

关闭计算机时，不能直接关闭主机电源，否则会丢失正在处理的信息，还会对计算机造成损害。关机的顺序是先关程序，再关主机，最后关闭外设电源。

> **知识窗**
>
> 不要频繁地启动和关闭计算机，关机后立即启动可能会造成硬件被损坏，如硬盘驱动突然加速，使盘片被磁头划伤等。应在关闭电源后等待10秒以上再重新启动。

不关闭主机电源而重新加载系统的操作称为重新启动，当系统出现故障或因其他原因需要重新启动时，可以按机箱前面板上的【Reset】按钮或通过Windows系统的【关机】按钮的子菜单重新启动计算机。

> **知识窗**
>
> 单击键盘上的【Power】按钮也可以快速关机。

2. 认识和使用键盘

键盘是标准的输入设备，是向计算机输入数据和控制计算机的主要工具，键盘的外观如图1-1-2所示。

图1-1-2 键盘

键盘按照其键位作用的不同，被划分为如下几个区：

（1）主键区。主键区是键盘的主要部分，是使用最频繁的区域。主键区包括字母键、数字键、控制键、标点符号键及一些特殊符号键，其部分键的功能见表1-1-1。

表1-1-1 主键区

键名	说明	功能
Space Bar	空格键	在文档中产生一个空格
Shift	上挡键	用于输入双字符键上部的符号；输入字母的同时按住上挡键，可以实现字母大、小写转换
Ctrl	控制键	不能单独起作用，总是与其他键同时使用以实现各种功能，而这些功能是在操作系统中或应用软件中被定义的
Alt	互换键	常与其他键组合使用，单击此键不起作用
Caps Lock	大、小写转换键	单击该键，将字母键锁定为大写输入状态，再按一次就会退出大写锁定状态，对其他键无影响
Enter	回车键	又称换行键、执行键，在文本编辑状态下单击此键，产生新段落并将插入点移至下一行首位；在命令状态单击此键，告诉计算机要执行这条命令
Back Space	退格键	删除当前光标位置前面的内容，按一次，删除前面一个字符，光标向前移一个位置
Tab	跳格键	将光标移到下一个跳格位置；同时按上上挡键和跳格键，将光标左移到前一个跳格位置
	Win 键	也称Windows键，在Windows环境下使用，单击此键打开"开始"菜单；常与其他键配合使用，快速执行命令
	APP 键	也称属性键，在Windows环境下使用，单击此键通常打开快捷菜单

（2）功能键区。为了给操作计算机提供方便，键盘上特意设计了功能键F1～F12、ESC键、Power键等，它们的具体功能由操作系统或应用程序来定义，其部分键的常见功能见表1-1-2。

表1-1-2　功能键区

键名	说明	功能
F1~F12	F1~F12键	在不同的软件中有着不同的作用
Esc	返回键	退出当前程序或取消当前操作
Power	关机键	不管应用程序退出与否，直接关闭计算机

（3）编辑键区。编辑键区主要包括光标移动键和一些在编辑软件中经常使用的功能键。其部分键的基本功能见表1-1-3。

表1-1-3　编辑键区

键名	说明	功能
↑↓←→	光标移动键	编辑状态下，朝箭头所指方向移动光标
Delete	删除键	编辑状态下，单击一次删除光标后面的一个字符
Page Up	上翻页键	当内容多于一屏时，单击此键显示内容上翻一屏幕
Page Down	下翻页键	当内容多于一屏时，单击此键显示内容下翻一屏幕
Home	行首键	移动光标到行首
End	行尾键	移动光标到行尾
Insert	插入键	插入与改写状态转换开关键
Print Screen	屏幕打印键	单击此键，将屏幕上显示内容以图片形式复制到剪贴板中，按【Alt】+【Print Screen】键，复制当前活动窗口及内容到剪贴板中

（4）数字键区。位于键盘右下角的双字符键，也称小键盘，本区域数字键受数字锁定键【Num Lock】控制，单击【Num Lock】键，键盘右上角指示灯亮为数字状态，可以输入数字和运算符号。再次单击【Num Lock】键，指示灯熄灭，数字键区不可用。其各按键与编辑键区按键功能相同。

知识窗

仅小键盘区域的数字键受数字锁定键控制，主键盘区域的数字键不受数字锁定键的控制。

3.保持正确的操作姿势

在使用计算机时，保持正确的姿势，对提高工作效率，防止出现身体损伤具有非常重要的意义。操作姿势不当，不但会影响操作速度，而且很容易疲劳和出错。正确的姿势如图1-1-3所示。

4.掌握正确的指法分工

操作键盘要求盲打，不能一边看文稿一边看键盘，各个手指的按

图1-1-3　正确的操作姿势

键都有明确的分工。主键盘操作的指法分工如图1-1-4所示。

图1-1-4 指法分工

键盘上的英文字母共分3行，为了按键方便，按照使用频率的高低，全部交错排列。中间一行称为基准键位，不击键时，手指轻放在这些键上；击键之后，手指返回到这些键上。【F】键和【J】键称为基准键，上面一般都有一根凸起的短横线，便于定位。

提示

因食指相对较灵活，将负责2列按键。

指法练习是一个熟能生巧的过程，只要在上机实训过程中勤练习、多思考，就能达到应用自如的水平。

5.用记事本输入字符

要输入文字，应该先打开一个可以对文字进行编辑处理的程序。Windows7系统提供了一个简单的文字处理程序"记事本"。

单击屏幕左下角的 按钮，打开"开始"菜单，选择"所有程序"→"附件"→"记事本"菜单命令，打开记事本，输入内容，如图1-1-5所示。

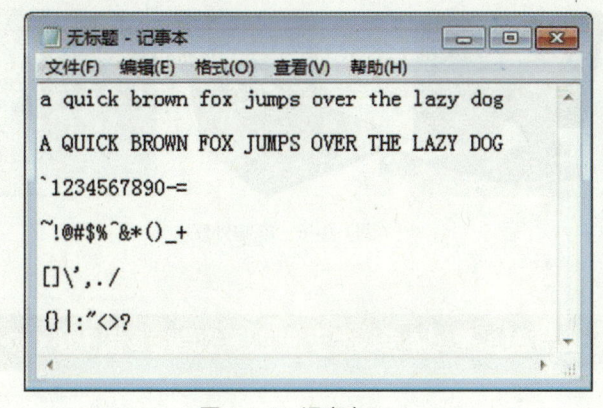

图1-1-5 记事本

使用记事本时,要注意以下问题:
(1)记事本中输入的字符总是出现在闪动的光标处。
(2)输入英文字母时,请注意正确的指法分工。
(3)输入大写字母时,先按一次【Caps Lock】键,大写锁定指示灯亮,输入字母为大写;再按一次【Caps Lock】键,大写锁定指示灯灭,输入字母为小写。
(4)在小写输入状态,同时按下上挡键和字母键,也可输入大写字母。
(5)输入双字符键上面的符号时,应先按住【Shift】键不放,再击一次对应的字符键。
(6)请注意识别"-"和"_"符号,后者需使用上挡键。
(7)在需要分段时,按一次【Enter】键即可。
(8)如果输入错误,使用光标移动键,移动光标到错误位置,按一次【Back Space】键删除光标前面的一个字符,按一次【Delete】键删除光标后面的一个字符。

任务二　选购台式计算机

任务描述

小江想选购各种配件,组装一台全新的台式计算机,希望更加直观地认识计算机的硬件组成。

任务实施

一、弄清自己的需求

购买计算机之前,首先要知道自己的需求,弄清楚配置电脑的目的、选择台式机还是笔记本、配置品牌机还是兼容机、资金预算是多少等问题。

常用的微型计算机包括台式机、笔记本电脑、平板电脑等,其外观如图1-1-6所示。

图1-1-6　电脑外观

> **提示**
> 台式机体积大、使用方便,笔记本电脑便于携带,平板电脑多用于移动办公和娱乐。

模块一　计算机基础知识

二、上网查询方案

购买电脑前,最好到网上先查查资料,可以选择的网站很多,以下是一些可以提供帮助信息的网站。

(1)太平洋电脑网(http://www.pconline.com.cn/)。

(2)中关村在线之模拟攒机网(http://zj.zol.com.cn/)。

(3)电脑配置网(http://www.pcboke.com/)。

> **提示**
> 电脑价格随时变化,以下价格来源于互联网,仅作参考。

小江配置电脑主要用于学习,考虑到有图像处理和视频编辑的需求,所以想配置一台性能较好的台式机。通过网上查询,他打印出了一份电脑配置单,内容见表1-1-4。

表1-1-4　电脑配置单

配置	品牌型号	参考价格(元)
CPU	Intel　酷睿i5　4570(散)	1110.00
主板	技嘉　GA-H81M-DS2(rev.1.0)	499.00
内存	威刚　8GB　DDR3　1333(万紫千红)	405.00
硬盘	希捷Desktop　2TB　7200转　8GB　混合硬盘(ST2000DX001)	740.00
显卡	七彩虹　iGame750　烈焰战神U-Twin-1GD5	799.00
机箱	酷冷至尊　毁灭者战斗版(RC-K100-KKN2)	199.00
电源	先马　金牌500W	299.00
液晶显示器	三星　S24C370HL	999.00
键鼠套装	罗技　MK200键鼠套装	95.00
音箱	漫步者　R101V	119.00
合计		5264.00

三、现场选购配件

微型计算机的外部设备,如显示器、键盘、鼠标和音箱等,一般只需要明确品牌和型号,其内部配件很少由用户更改。而主机内部的部件,如主板、CPU、内存条、硬盘、显示卡、网卡和声卡等,可以由用户自由选配。

根据电脑配置单,我们知道了哪些是重点部件,了解了主机的构成,可以在选购计算机时做到心中有数。

1.CPU

CPU是中央处理器的简称,是一块高度集成的芯片,相当于计算机的大脑,其主频的高低影响计算机的运行速度。CPU的外观如图1-1-7所示。

选购CPU时,要注意其主频、外频和倍频等参数。

图1-1-7　CPU

9

2. 主板

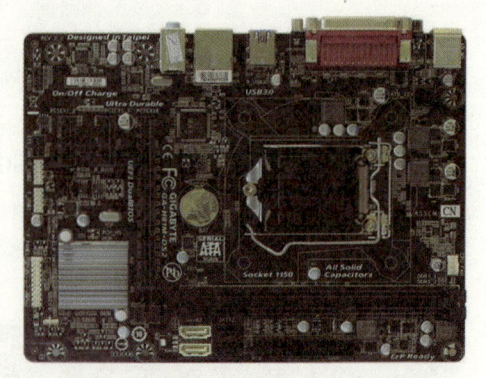

主板是固定在机箱内的一块集成电路板，上面能安装各种电子元器件和大量的电子线路，是微机最基本也最重要的部件之一，CPU、各类插卡等都安装在主板上。主板的外观如图1-1-8所示。

选购主板时，要注意其芯片组和插座接口的类型，以便与CPU匹配。

图1-1-8 主板

3. 内存

内存是内部存储器的简称，是一块条形的电路板，所以也称为内存条。内存条的外观如图1-1-9所示。

图1-1-9 内存条

内存条的主要参数有传输类型、容量和速度等。

4. 硬盘

硬盘存储器简称硬盘，是微机中广泛使用的外部存储设备，其特点是存储容量大、存取速度快。硬盘的外观如图1-1-10所示。

选购硬盘时，要注意它的接口类型、容量、缓存和转速等。

5. 显卡

显示卡简称显卡，用于连接主机与显示器，把计算机处理的结果送往显示器。其外观如图1-1-11所示。

图1-1-10 硬盘 　　　图1-1-11 显卡

选购显卡时，要注意其接口类型和显存的大小。

模块一　计算机基础知识

类似显卡形状的还有声卡和网卡等，都可以插在主板的扩展插槽上，其接口类型都遵循相应的接口规范。现在很多主板都集成了声卡和网卡，不需要单独购买。

6.机箱

电脑机箱主要用于固定设备和防尘，通过感受其重量通常就能分辨出质量的好坏。机箱的外观和内部结构如图1-1-12所示。

图1-1-12　机箱

提示

有些机箱不带电源，单独销售。购买机箱时，要注意是否配置了电源。

台式计算机机箱前面板上，通常设计有一些按钮和指示灯，方便用户操作计算机和观察计算机的工作状态，如图1-1-13所示。

开关按钮通常用"Power"标注，是主机的电源开关。复位按钮通常用"Reset"标注，按下此按钮电脑复位，重新开始启动。当主机电源打开时，硬盘指示灯亮。系统正在读写磁盘时，软盘指示灯亮。前面板上预留的耳机插口和麦克风插口，主要是方便用户使用耳麦。USB接口方便用户使用移动存储设备。

机箱后面板上，有电源接口、散热孔、主板提供的接口和一些扩展卡接口，电脑的外部设备大部分都连接在后面板上。主板在机箱外提供的接口通常如图1-1-14所示。

开关按钮
复位按钮
硬盘指示灯
电源指示灯

麦克风插口
耳机插口
USB接口

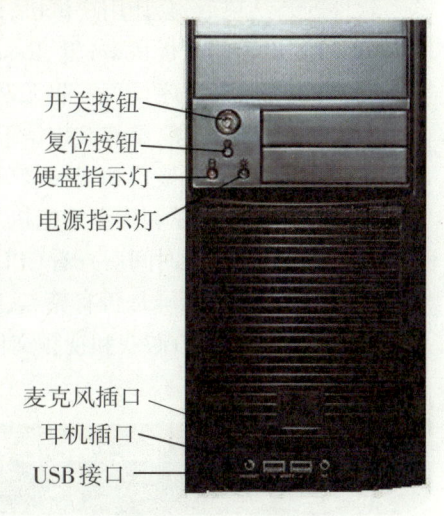

图1-1-13　主机前面板

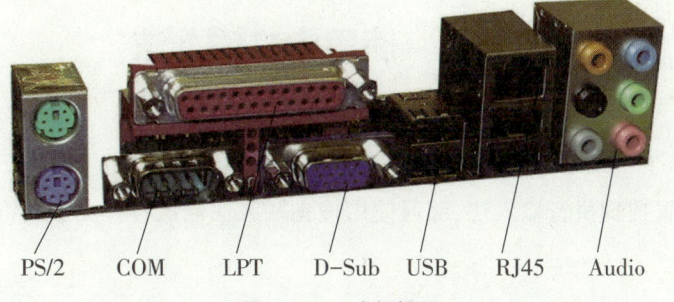

PS/2　COM　LPT　D-Sub　USB　RJ45　Audio

图1-1-14　主板接口

知识窗

显示器的选择主要考虑其品牌和尺寸大小；键盘与鼠标通常较便宜，选择手感较好的即可；音箱的价格变化区间较大，不同价格的音箱其效果差别很大，通常根据资金预算选择；家用打印机通常选择激光打印机或喷墨打印机。

11

四、验货装机

装机前,必须首先验货,以防买到使用过的翻新机、返修机。装机过程中,可以多观察,多学习,多与装机员交流,仔细检视整个装机过程,一方面防止更换配件,另一方面可多学习一些装机技巧。主机组装完成后,需要连接外部设备,以便测试计算机。

五、安装软件

配置兼容机,装机员通常会根据用户的需要"克隆"操作系统,通常包含大部分办公和娱乐软件,如果需要其他的应用软件,请装机员复制到你的硬盘上就行,以后再单独安装。

六、整机检测

软件安装结束后,会让用户试机,试机时需要注意以下事项:
（1）检测机箱前面板Power键、Reset键、电源指示灯、硬盘指示灯和光驱按钮是否正常。
（2）检查各驱动程序是否安装无误。
（3）检查CPU、内存、显卡参数是否无误。
（4）检测前后USB接口和音频接口能否正常工作。
（5）听听风扇、光驱和硬盘的电机运转声音是否正常。
（6）主机工作一段时间后查看CPU温度是否过高。
（7）检测LCD显示屏是否有亮点、暗点或彩点。
（8）运行一两款3D游戏和视频文件,初步测试整机稳定性。

> **提示**
> 买电脑时,最好别自己动手亲自装机,应先向技术员多学习,买回家后有时间再练习组装硬件和安装软件。

任务三　使用中文输入法

任务描述

下载、安装、设置搜狗拼音输入法,练习使用搜狗输入法输入各种文字和符号。

任务实施

一、安装、设置搜狗拼音

搜狗拼音输入法简称搜狗输入法、搜狗拼音,是由搜狐公司推出的一款汉字拼音输入法,是基于搜索引擎技术的、特别适合网民使用的、新一代的输入法产品,用户可以通过互联网备份自已的个性化词库和配置信息,是国内目前主流汉字拼音输入法之一。我们以输入图1-1-15中的文字和符号为例,来说明搜狗拼音的使用方法。

进入搜狗拼音输入法官网(http://pinyin.sogou.com/),单击"立即下载"按钮,下载搜狗输入法7.5正式版。(版本更新较快,本书以该版本为例讲解相应知识,其他版本可以作为参考。)

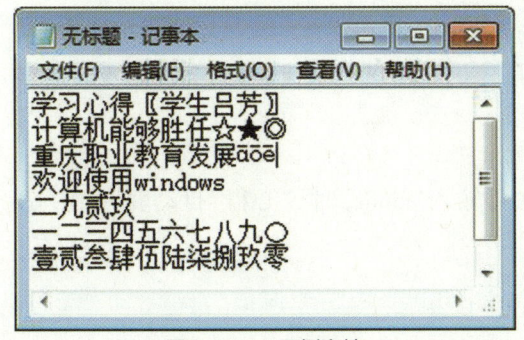

图1-1-15 示例文档

图1-1-16 安装结束对话框

双击下载的安装文件,在出现的对话框中单击"立即安装"按钮开始安装。安装过程中不需要执行其他操作,安装结束后,会出现如图1-1-16所示的对话框。

在对话框中,有三个选项默认为选中状态,去掉不需要的选项,选中"运行设置向导",单击"完成"按钮结束安装。

在"设置向导"中,跳过"勋章"设置后,可分别完成搜狗输入的"习惯"设置、"搜索"设置和"皮肤"设置,在随后出现的如图1-1-17所示的"词库"设置中,选中常用的细胞词库后单击"下一步"按钮进入"扩展"设置,要注意去掉不需要的选项,否则会安装其他文件。

图1-1-17 "词库"设置

二、输入汉字

Windows系统默认的输入状态为英文,输入汉字之前首先要选择中文输入法。打开记事本后,按【Ctrl】+【Space】键,在中文输入法与英文输入法之间切换;按【Ctrl】+【Shift】键,在系统安装的各种输入法之间切换。选中搜狗输入法后,输入"xuexi",输入法状态栏如图1-1-18所示。

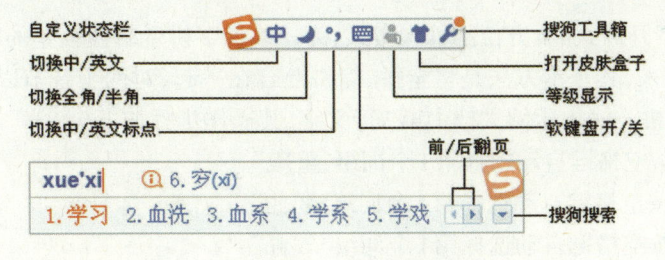

图1-1-18 搜狗状态栏

单击空格键或单击候选词"学习"前的数字1,对应的词组即"学习"二字就会上屏。

搜狗拼音输入法是在全拼输入法基础上加以改进的常用拼音类汉字输入法,使用方便、灵活,可采用以下几种输入方式。

1.全拼输入

如果对汉语拼音使用比较熟练,可以使用全拼输入。方法是按规范的汉语拼音进行操作,输入过程和书写汉语拼音的过程完全一致。输入示例文档中的第1行文字,采用全拼输入的操作步骤如下:

(1)输入"xuexi",按空格键自动选择第1个词组"学习"。

(2)输入"xinde",按【2】键选择"心得"。下一次再输入"xinde"时,"心得"自动变为第1个选项。

(3)输入"xuesheng",按空格键输入"学生"。

(4)输入"lv",按【3】键选择"吕"。

(5)输入"fang",按【5】键选择"芳"。

提示

输入过程中,拼音韵母"ü"用"v"代替。关于选择第几个词组,有所区别,仅作参考,后同。

2.简拼输入

简拼输入适用于对汉语拼音把握不太准确的用户,通常输入汉字拼音的声母,主要适用于词语输入。输入示例文档中第2行文字的操作步骤如下:

(1)输入"jsj",按空格键自动选择第1个词组"计算机"。

(2)输入"ng",按【3】键选择第3个词组"能够"。

(3)输入"sr",按向后翻页键,找到"胜任"后选择输入。

使用简拼时,某些字符意义不明确,必须使用隔音符号,如"中华"的简拼不能输为"zh",可以输入为"zh'h"或"z'h"。"愕然"的简拼不能输入为"er",可输入为"e'r"。

提示

输入过程中,"."键默认为向后翻页键,","键默认为向前翻页键。

3.混拼输入

混拼是汉语拼音开放式、全方位的输入方式,为一些汉字拼音掌握较差的用户提供了很大方便,主要针对词语输入,其基本方法是将全拼、简拼混合在一起,对两个音节以上的词语,有的音节全拼,有的音节简拼。输入示例文档中第3行文字,其操作步骤如下:

(1)输入"cqing",空格键自动选择第1个词组"重庆"。

(2)输入"zye",按空格键自动选择第1个词组"职业"。

(3)输入"jyu",按空格键自动选择第1个词组"教育"。

(4)输入"faz",按空格键自动选择第1个词组"发展"。

提示

无论使用全拼、简拼或混拼,尽量按词组方式输入,可减少重码,提高汉字输入速度。

4.输入英文

单击中、英文切换按钮,可以在中文输入法和英文输入法之间切换。在输入汉字的过程中,如果需要输入英文,也可以不必切换到英文输入法,输入示例文档中第4行内容的操作步骤如下:
(1)输入汉字"欢迎使用"。
(2)不用切换输入法,直接输入"windows"可被搜狗自动识别。

提示

搜狗输入法能够识别大部分英语单词。

5.使用"v"模式

"v"模式是一个转换和计算的功能组合,为常用的中文数字、中文日期、大写金额等的输入提供了很大的方便。输入"v2",显示内容如图1-1-19所示。

图1-1-19 搜狗"v"模式　　图1-1-20 符号大全

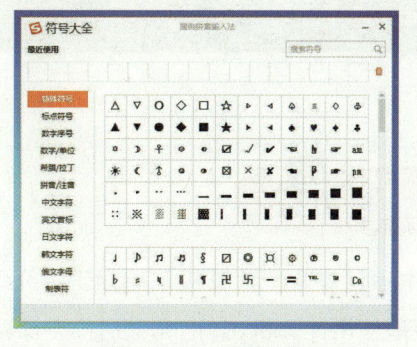

三、输入常用符号

使用搜狗输入法,可以输入各种中文标点符号以及常用的汉字符号。用鼠标左键单击软键盘开关,选择"特殊符号",就可打开如图1-1-20所示的对话框,选择输入各种符号。

四、使用软键盘

在文档中出现的一些特殊符号,不方便用键盘直接输入,灵活使用中文输入法的"软键盘",可以快速地输入一些特殊符号。

单击鼠标右键,选中"软键盘",弹出软键盘选项板,如图1-1-21所示。
单击"中文数字"选项,选中的软键盘显示出来,如图1-1-22所示。

图1-1-21　软键盘选项板　　　　图1-1-22　中文数字软键盘

用鼠标单击或按键盘上的对应键,可以输入该键上对应的内容。用鼠标左键单击输入法状态框上的软键盘开关按钮,可以关闭软键盘。

> **提示**
>
> 搜狗拼音输入法的特色还有很多,包括自定义短语,快速输入人名,快速输入日期、时间,输入生僻字,设置固定首字,快速输入表情以及其他特殊符号,输入统计等,详细内容可参考"http://pinyin.sogou.com/funcl/"。

项目小结

通过本项目对微型计算机基础知识的介绍,小江理解了计算机理论基础知识,会正确、规范地使用计算机,会正确识别各类计算机硬件设备并了解其基本参数,知道了计算机选购的初步方法。通过对记事本的学习,小江会使用正确的指法录入中、英文字符,能选择并使用适合自己的汉字输入方法。

学以致用

打开记事本,输入以下内容:
(1)随机存储器。工作时,用来存放用户的程序、数据和临时调用的系统程序,可读可写,关机或断电后内容自动消失。

(2)只读存储器。用来存放固定的程序和数据,如开机检测程序、系统初始化程序等,厂家在生产时就将这些程序和数据固化在 ROM 中,只能读不能写,关机或断电后内容保持不变。

(3)系统软件。用来管理计算机资源,操作和控制计算机的软件。通常包括各种操作系统、语言处理系统,以及用以完成计算机监控、诊断和调试功能的服务性程序。操作系统是计算机正常运行所必需的软件,主要用来管理计算机资源、控制输入/输出和实现用户与系统之间的通信。其基本功能有作业管理、CPU 管理、文件管理、内存管理和设备管理。微机中常用的操作系统有 Windows、Unix、Linux 等。

(4)应用软件。应用软件是针对某一个具体应用而开发的软件,如 Word 用于文字处理、QQ 用于网络即时通信、WinRAR 用于制作或解开压缩包等。

项目二 多功能的 Windows 7

学习目标

(1) 能识别桌面的组成元素。
(2) 会使用和配置任务栏。
(3) 会使用菜单、窗口和对话框。
(4) 会管理文件和文件夹。
(5) 能让电脑变得更加美观。
(6) 会调整 Windows 7 系统设置。

项目介绍

小江新买的电脑安装了 Windows 7 操作系统，开机后就显示出漂亮的画面。他希望从基本操作开始，学习如何修改电脑设置、建立文件夹，以便更加方便地管理和保存个人资料。

项目任务

任务一 认识 Windows 7

任务描述

认识和使用桌面图标，使用开始按钮和开始菜单打开程序，使用和配置任务栏。

模块一　计算机基础知识

> 任务实施

一、Windows 7桌面图标

Windows 7启动后看到的第一个操作界面就是"桌面"。桌面主要由图标和任务栏组成,如图1-2-1所示。计算机的设置不同,用户看到的桌面外观也不相同。

图1-2-1　桌面

图标是系统资源的符号表示,包含了对象的相关信息,由小图标和文字说明两部分构成。图标可以表示应用程序、数据文件、文件夹、驱动器、打印机等对象。对桌面上部分常见的图标说明如下。

计算机：通过该图标访问"计算机"文件夹中的内容,可以访问各个位置,例如硬盘、CD或DVD驱动器等。还可以访问可能连接到计算机的其他设备,如外部硬盘驱动器和USB闪存驱动器等。

网络：提供对网络上计算机和设备的便捷访问。可以在"网络"文件夹中查看网络计算机的内容,并查找共享文件和文件夹。还可以查看并安装网络设备,如网络打印机等。

回收站：从计算机上删除文件时,文件实际上只是移动并暂时存储在回收站中,直至回收站被清空。因此,你可以从回收站中恢复被意外删除的文件,将它们还原到其原始位置。

> 知识窗
>
> 如果从计算机以外的位置(如网络文件夹)删除文件,该文件可能会被永久删除,而不会存储在回收站中。

1.使用桌面图标

双击桌面"计算机"图标,可打开如图1-2-2所示的"计算机"窗口。

19

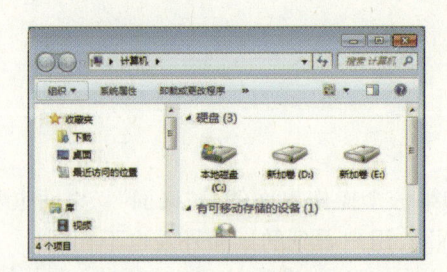

图1-2-2 "计算机"窗口

2.选择图标

选择桌面图标,有以下几种操作方法:

(1)选择单个图标。移动鼠标光标至要选择的图标上,单击鼠标左键,图标变为高亮显示,表明已选中该图标。

(2)同时选择多个相邻的图标。将鼠标移动到要选定范围的一角,按住鼠标左键拖动,会出现一个矩形框,当矩形框框住需要的所有图标后释放鼠标,即可选中矩形框范围内的所有图标;选择多个连续的图标时,也可选中第1个图标后按住【Shift】键,再单击最后一个图标。

(3)同时选择多个不连续的图标。选择第一个图标之后,按住【Ctrl】键,再单击其他要选择的图标。

(4)选择所有图标,按【Ctrl】+【A】键。

3.排列图标

桌面图标的排列方式有4种,即按图标的名称、大小、项目类型和修改日期排列。将桌面图标按"修改日期"排列的操作步骤如下:

(1)在桌面空白处单击鼠标右键,在弹出的快捷菜单中将鼠标光标指向"排序方式"项,系统弹出如图1-2-3所示的菜单。

(2)选择"修改日期"菜单命令即可将桌面图标按修改日期先后进行排列。

图1-2-3 排列图标

二、任务栏

任务栏位于桌面的底端,任务栏主要由开始按钮、快速启动区域、任务列表区域和状态区域组成,如图1-2-4所示。

图1-2-4 任务栏组成

(1)开始按钮。该按钮位于任务栏的最左边,单击该按钮弹出开始菜单,从中可选择需要的命令。几乎所有Windows 7的应用程序都可以从"开始"菜单中启动。

(2)快速启动区域。该区域位于开始按钮的右边,单击某个图标,会启动对应的程序,比从

20

"开始"菜单中启动程序要方便一些。

(3)任务列表区域。该区域通常位于快速启动区域的右边,显示当前已打开或正在执行的任务。当用户启动一个程序后,系统增加一个任务,在任务列表区域会增加一个任务按钮。单击不同的任务按钮可在任务间进行切换。

(4)状态区域。该区域位于任务栏的最右端,用于显示某些已经驻留内存的程序或相应的状态信息,以及访问程序的快捷方式等。声音图标、时钟图标通常在该区域长时间显示。有的图标可能暂时出现,它们用于提供关于活动状态的信息,如执行打印命令后会出现打印机的图标,该图标在打印完成后自动消失。

> **知识窗**
>
> 指向任务栏的空白处,按住鼠标左键拖动,可以改变任务栏的位置;指向任务栏的边界拖动鼠标,可以改变任务栏的大小。

三、开始菜单

单击屏幕左下角的开始按钮,弹出如图1-2-5所示的"开始"菜单。"开始"菜单由以下几部分组成:

(1)用户账户区。该区位于"开始"菜单的右边顶部,显示进入Windows 7账户的图标和名称。

(2)常用菜单区。该区位于"开始"菜单的左边,包含了用户最常用的命令以及"所有程序"菜单项。

(3)传统菜单区。该区位于"开始"菜单的右边。

(4)退出系统区。该区位于"开始"菜单的右边底部,包括关机、切换用户、注销、锁定、重新启动、睡眠和休眠按钮。

图1-2-5 "开始"菜单

四、个性化设置

1.更改桌面背景

在Windows 7中,可以将用户喜欢的照片或图片设置为桌面背景,使自己的桌面更具个性化,设置桌面背景的操作步骤如下:

(1)在桌面空白区域,单击鼠标右键,在弹出的快捷菜单中选择"个性化"命令,单击"桌面背景",如图1-2-6所示。

(2)在"桌面背景"窗口中选择背景图片,如果没有满意的图片,则单击按钮 [浏览(B)...],打开"浏览文件夹"对话框。

(3)在对话框中选择要设为桌面背景的图片

图1-2-6 设置桌面背景

所在的文件夹,单击"确定"按钮,该文件夹中可作为背景的图片会显示在对话框中。

(4)选中图片后,指定图片在桌面上的显示位置,有"填充""适应""拉伸""平铺"和"居中"5种位置供用户选择。

(5)单击"保存修改"按钮,桌面背景就变成了所选择的照片或图片。

2.设置屏幕保护

屏幕保护的目的是为了保护显示器,延长其使用寿命。在指定的时间内,如果没有操作键盘或鼠标,屏幕上就会显示一些动态图像,起到保护屏幕的作用。设置屏幕保护的操作步骤如下:

(1)打开"个性化"窗口,单击"屏幕保护程序",如图1-2-7所示。

(2)在"屏幕保护程序"下拉列表框中选择喜欢的屏幕保护程序,并通过上面的显示窗口观察效果,也可单击 预览(V) 按钮观察全屏效果。

(3)在"等待"数值框中输入或调整等待的时间。

(4)如果已经选择了屏幕保护程序,单击 设置(T) 按钮,弹出一个对话框,可在该对话框中设置屏幕保护程序的相关参数。

图1-2-7 设置屏幕保护程序

(5)单击 确定 按钮,设置的屏幕保护程序即可生效。

任务二　认识Windows组件

任务描述

使用"窗口"查看信息,使用"菜单"执行命令,通过"对话框"查看和调整各种系统信息。

任务实施

一、窗口

在Windows 7中,大多数的程序都是以"窗口"形式呈现在用户面前。Windows 7窗口分为"文件夹窗口"和"应用程序窗口"。"文件夹窗口"用于装载文件夹和文件,"应用程序窗口"是指打开一个应用程序后出现的界面。

窗口通常由标题栏、菜单栏、工具栏、状态栏、地址栏、搜索框、窗口工作区和窗格等几部分组成,如图1-2-8所示。

图1-2-8 窗口的组成

1. 改变窗口大小

要改变"计算机"窗口的大小，可以选择以下操作：

(1)单击标题栏上的 ▭ 按钮，窗口缩小为任务栏上的一个按钮"计算机"，单击该按钮，可将窗口还原至原始大小。

(2)将鼠标光标移至窗口上边框或下边框上，当鼠标指针变为"↕"形状时，按下鼠标左键向上或向下拖动，可以改变窗口的高度。

(3)将鼠标光标移至窗口左边框或右边框上，当鼠标指针变为"↔"形状时，按下鼠标左键向左或向右拖动，可以改变窗口的宽度。

(4)将鼠标光标移至窗口任意一个角上，当鼠标指针变为"↘"或"↗"形状时，按下鼠标左键拖动，即可同时调整窗口的高度和宽度。

双击窗口标题栏中的空白区域，窗口在最大化与恢复之间切换。

2. 移动窗口

如果窗口没有处于最大化状态，其位置可以被移动、改变。移动"计算机"窗口，其操作步骤如下：

(1)在"计算机"窗口中，将鼠标光标移动至窗口标题栏。

(2)按住鼠标左键不放，拖动鼠标。

(3)当窗口移动到需要的位置时松开鼠标左键即可。

3. 排列窗口

当打开多个窗口时，可以选择"层叠""堆叠显示""并排显示"等排列方式，其操作步骤如下：

(1)打开多个窗口。

(2)右击任务栏的空白处，弹出如图1-2-9所示的快捷菜单。

(3)选择"堆叠显示窗口"命令，窗口则依次排放在桌面上，如图1-2-10所示。

图 1-2-9　选择窗口排列方式　　　　　图 1-2-10　堆叠显示窗口

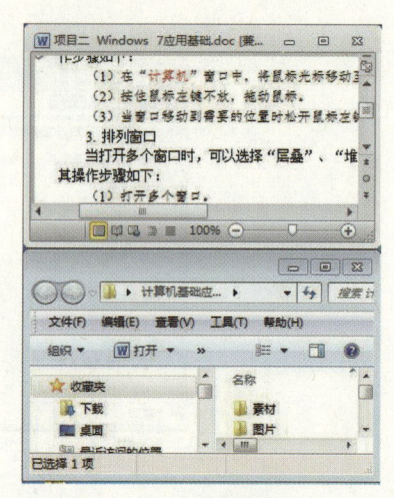

知识窗

不管选择哪种排列方式，只会有一个活动窗口。单击任务栏上的任务按钮可以在打开的窗口间进行切换，选择活动窗口。

4.改变窗口中文件和文件夹的显示方式

在"计算机"窗口和"资源管理器"窗口中，文件或文件夹有"超大图标""大图标""中等图标""小图标""列表""详细信息""平铺""内容"8种显示方式。设置文件或文件夹以"列表"方式显示的操作步骤如下：

（1）打开目标窗口。

（2）选择"查看"→"列表"菜单命令，显示结果如图1-2-11所示。

5.关闭窗口

图 1-2-11　"列表"方式显示文件

关闭窗口可以选择多种操作方法，具体方法如下：

（1）单击窗口右上角的 ![X] 按钮。
（2）选择"文件"→"关闭"菜单命令。
（3）按【Alt】+【F4】键。

二、菜单

通过选择菜单中的不同命令，可执行相应的操作，根据菜单所处的位置可以将菜单分为开始菜单、窗口菜单和快捷菜单。

模块一 计算机基础知识

1. 开始菜单

单击屏幕左下角的 按钮打开的菜单称为"开始菜单",使用开始菜单几乎可以完成计算机中所有的任务,如启动程序、打开文档、自定义桌面、寻求帮助和搜索计算机中的文件等。

2. 窗口菜单

窗口或应用程序通常都提供相应的菜单栏,可以使用键盘或鼠标操作菜单。通过菜单隐藏"计算机"窗口状态栏的操作步骤如下:

(1)双击桌面"计算机"图标,打开"计算机"窗口。
(2)鼠标指向菜单栏的"查看",单击鼠标左键,弹出菜单,如图1-2-12所示。
(3)在弹出的菜单中选择"状态栏"命令,该窗口状态栏不再显示。

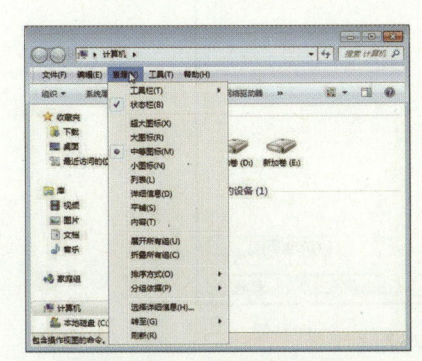

图1-2-12 "查看"窗口菜单   图1-2-13 快捷菜单

3. 快捷菜单

快捷菜单是指单击鼠标右键时,在鼠标指针位置弹出的菜单,它提供了一种快速操作的途径。单击不同对象将弹出不同的快捷菜单,使用快捷菜单查看"系统属性"的操作步骤如下:

(1)鼠标指向桌面"计算机"图标。
(2)单击鼠标右键,弹出如图1-2-13所示的快捷菜单。
(3)选择"属性"菜单命令,弹出"系统属性"对话框。

知识窗

菜单中的各菜单命令有不同的标记符号,菜单中各标记代表的含义如下:

菜单后面有"▶":表示该菜单命令还有下一级菜单,这种菜单称为级联菜单。

菜单后面有"…":选择该菜单命令时,将弹出一个对话框。

菜单前面的"✓":有"✓"时表示该命令正在起作用,无"✓"时表示该命令不起作用,单击该命令可在二者之间切换。

呈灰色显示的菜单命令:表示该命令暂时不能使用。

菜单命令后括号中的字母:表示打开该菜单后,通过键盘键入该字母可执行该命令。

菜单命令后的组合键:表示在未打开该菜单的情况,直接按组合键,可执行相应的菜单命令。

25

三、对话框

对话框是用于人机"对话"的窗口,由一些特定的组件组成,通过对话框可以"告诉"电脑将进行什么操作。对话框通常仅能移动位置,不能调整大小。图1-2-14是Word的"页面设置"对话框,常见组件的说明如下:

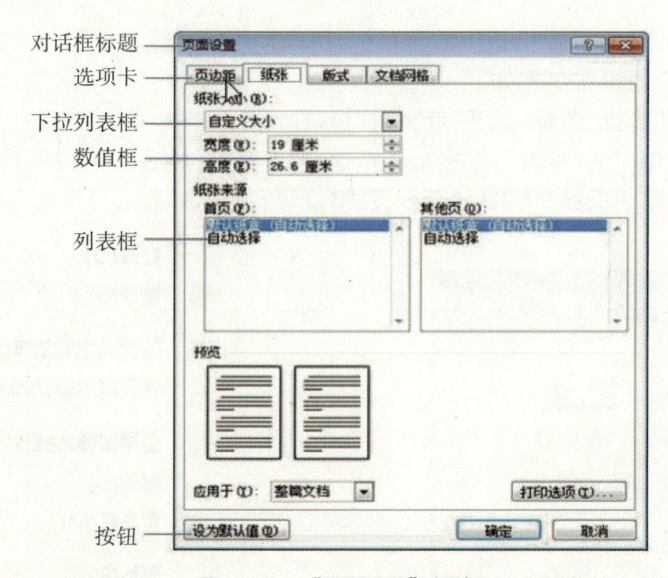

图1-2-14 "页面设置"对话框

(1)选项卡 常规 查看 搜索 。当对话框中的内容较多时,可通过选项卡分别组织内容。单击各选项卡标题可以切换选项卡。

(2)单选项 ⦿在同一窗口中 ○在不同窗口中 。在一组可选的选项中选择唯一的选项,选中时,单选项前面的○变为⦿。单选项通常用于分组,每组不少于两个,在选择时,每组的单选按钮只能有一个被选中。

(3)复选框 □阳文(E) ☑阴文(V) 。用于选定一个或多个选项,选中后,复选框由□变为☑。可同时选中多项或全部不选择。

(4)文本框 about:blank 。它是对话框中的一个空白区域,在文本框内单击,当出现闪烁的光标时就可以输入文字。(考虑到页面大小的限制,示图中未标出)

(5)下拉列表框 通讯簿 ▾ 。单击下拉列表框,打开一个列表,列出了可供用户选择的项目。(考虑到页面大小的限制,示图中未标出)

(6)数值框 1磅 ⬆⬇ 。也称微调按钮,在数值框中可以像文本框一样直接输入数字,也可单击右边的 ⬆⬇ 按钮来增加或减少数值。

(7)命令按钮 确定 。单击命令按钮后将执行一定的操作,如果按钮名称后面有省略号,将打开对应的对话框。

任务三 管理文件和文件夹

> 任务描述

新建、重命名、复制、移动、删除文件及文件夹，了解驱动器及编号，了解文件和文件夹的概念、命名规则和作用。

> 任务实施

一、文件和文件夹

文件可以是一个应用程序，也可以是一段文字，在 Windows 7 中，不同文件类型用不同样式的图标表示。

文件通常存放在文件夹里面，为了方便管理，可以根据需要创建不同的文件夹，以将文件分门别类地放在文件夹内。文件夹中不但可以有文件，还可以有许多子文件夹，子文件夹中再包含文件。

文件和文件夹的使用规范如下：

(1) 文件和文件夹的名称不能超过 255 个字符，1 个汉字相当于 2 个字符。

(2) 文件和文件夹的名称中不能包括"/ \ : * ? < > |"等英文字符。

(3) 文件和文件夹的名称不区分大小写。

(4) 文件通常采用"主文件名.扩展名"的格式命名，扩展名通常用于表示文件的类型。文件夹通常没有扩展名，但有扩展名也不会出错。

(5) 搜索时，可以使用通配符"*"和"?"。

(6) 同一个文件夹中，文件与文件，文件夹与文件夹，以及文件与文件夹间均不能同名。所谓的同名是指主文件名与扩展名都完全相同。

二、新建文件和文件夹

可以在桌面或窗口中根据用户的需要创建新的文件或文件夹。在 D 盘根目录创建一个名为"资料"的文件夹，并在文件夹中创建一个名为"读书笔记"的文本文档，操作步骤如下：

(1) 在桌面双击"计算机"图标，打开"计算机"窗口，再双击"新加卷(D:)"，进入 D 盘根目录。

(2) 在空白处单击鼠标右键，弹出快捷菜单，选择"新建"→"文件夹"菜单命令。

(3) 窗口中出现一个 新建文件夹 图标，在其名称框中输入名称"资料"，按【Enter】键后新建名为"资料"的文件夹成功。

(4) 双击"资料"文件夹，进入到该文件夹中，选择"文件"→"新建"→"文本文档"菜单命令。

（5）修改"新建文本文档.txt"的名称为"读书笔记.txt"，在空白处单击鼠标，操作结果如图1-2-15所示。

三、重命名文件和文件夹

重命名文件或文件夹前，应先选定文件或文件夹。选定文件或文件夹后，重命名有以下方法：

（1）按【F2】键，在文件或文件夹图标下面输入新名称。

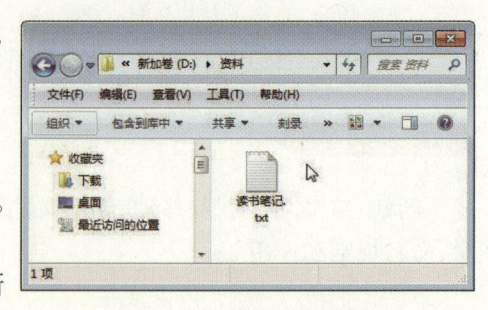

图1-2-15　新建文件效果图

（2）单击鼠标右键，在快捷菜单中选择"重命名"菜单命令，在文件（文件夹）名处输入新名称。

（3）选择"文件"→"重命名"菜单命令，在文件（文件夹）名处输入新的名称。

> **知识窗**
> 给文件或文件夹指定新的名字时，按【Enter】键完成重命名操作，按【Esc】键取消重命名；文件或文件夹的新名称不能与同一文件夹中的其他文件或文件夹名称相同；如果更改文件的扩展名，系统会给出相应的提示信息。

四、复制文件和文件夹

文件或文件夹的复制是指为文件或文件夹在指定位置创建一个备份，而原位置仍然保留被复制的内容。复制D盘"资料"文件夹中"读书笔记.txt"文件到桌面的操作步骤如下：

（1）打开D盘"资料"文件夹，选中"读书笔记.txt"文件。

（2）单击鼠标右键，在弹出的快捷菜单中选择"复制"菜单命令。

（3）进入桌面，在桌面的空白区域单击鼠标右键，在弹出的快捷菜单中选择"粘贴"菜单命令，文件复制成功。

复制文件夹时，会连同文件夹中的所有内容一同复制。实际上，复制操作就是把文件送入剪贴板，粘贴操作就是从剪贴板中取出内容。

> **知识窗**
> 按【Ctrl】+【C】键可执行复制操作，按【Ctrl】+【V】键可执行粘贴操作。

五、移动文件和文件夹

移动文件或文件夹的操作步骤与复制类似，只是把选择"复制"命令更改为选择"剪切"命令。把D盘"资料"文件夹中"读书笔记.txt"文件移动到E盘的操作步骤如下：

（1）打开D盘"资料"文件夹。

（2）选中"读书笔记.txt"文件，选择"编辑"→"剪切"菜单命令。

（3）打开E盘，选择"编辑"→"粘贴"菜单命令，文件移动成功。

> 知识窗
> 移动文件夹时,会连同文件夹中的所有内容一起移动。

六、删除、恢复文件或文件夹

1.删除文件或文件夹

当不再需要某个文件或文件夹时,可以将其删除。删除D盘"资料"文件夹中"读书笔记.txt"文件,其操作步骤如下:

(1)打开D盘"资料"文件夹,选中"读书笔记.txt"文件。

(2)选择"文件"→"删除"菜单命令,或按【Delete】键,或单击鼠标右键,在快捷菜单中选择"删除"菜单命令,系统弹出如图1-2-16所示的"删除文件"对话框。

(3)单击 是(Y) 按钮,删除文件,被删除的文件被送入到回收站中。

为了避免误删除给用户造成损失,Windows系统提供了回收站。"回收站"实际上是硬盘上的一个文件夹,用于临时保存被用户删除的文件或文件夹。

图1-2-16 确认文件删除对话框　　图1-2-17 "回收站"窗口

2.恢复文件或文件夹

从回收站中恢复被删除的文件或文件夹,其操作步骤如下:

(1)双击桌面"回收站"图标,打开"回收站"窗口,如图1-2-17所示。

(2)选中要恢复的文件"读书笔记.txt"。

(3)单击工具栏"还原此项目"选项,被删除的文件恢复到原位置。

3.彻底删除文件

从回收站中彻底删除文件,可以使用以下几种方法:

(1)单击工具栏"清空回收站",回收站中所有的文件被删除。

(2)在未选定文件的情况下,选择"文件"→"清空回收站"菜单命令,或选择快捷菜单中的"清空回收站"命令,删除回收站中所有的文件。

(3)选定文件后,选择"文件"→"删除"菜单命令,或选择快捷菜单中的"删除"命令,删除选定的文件。

> **知识窗**
> 要直接删除文件而不经过回收站,可以在删除的同时按住【Shift】键,也可以通过设置回收站的属性完成。

任务四　更改系统设置

任务描述

在 Windows 系统中管理用户,查看系统属性,添加和删除应用程序。

任务实施

一、用户管理

安装 Windows 7 时,默认的用户是"Administrator",属于管理员用户,拥有很大的操作权限。在系统中添加一个名为"小江"的用户,操作步骤如下:

(1)以管理员身份登录系统,否则不能新建用户。

(2)单击任务栏的"开始"按钮,选择"控制面板"菜单命令,打开"控制面板"窗口。

(3)双击 用户帐户 图标,打开如图 1-2-18 所示的"用户账户"窗口。

(4)单击"管理其他账户"→"创建一个新账户",在文本框中输入账户名称"小江",如图 1-2-19 所示。

图 1-2-18　用户账户导航　　　　图 1-2-19　指定账户名称

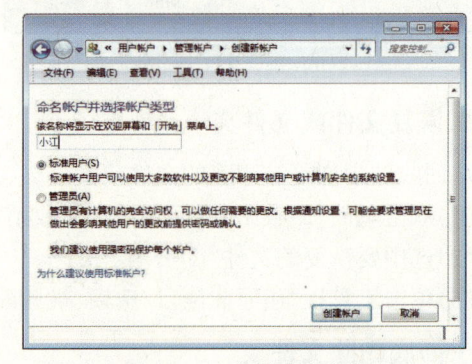

(5)单击"标准用户"或"管理员"前面的单选按钮,指定账户类型。

(6)单击"创建账户"按钮,返回到"用户账户"主窗口中,账户"小江"便显示在主窗口中。

> **知识窗**
> 使用 Windows7 系统中的向导,可以修改账户名称、图像、类型和密码等,如果不再需要,也可以删除该账户。

二、查看系统属性

很多用户即使长时间使用计算机,也不清楚系统的配置情况,查看系统属性的操作步骤如下:

(1)打开控制面板,双击"系统"按钮,打开"系统"窗口,如图1-2-20所示。

(2)单击"计算机名"右边的"更改设置"命令,打开"系统属性"对话框,如图1-2-21所示。

图1-2-20 系统窗口

图1-2-21 系统属性

(3)单击"计算机名",可以修改计算机的名称和网络配置信息。

(4)单击"硬件",可以查看计算机的硬件配置信息。

(5)单击"高级",可以设置计算机与性能有关的参数。

(6)单击"系统保护",可以选择是否启用系统还原。

(7)单击"远程",可以设置是否使用远程协助和远程桌面。

> **知识窗**
>
> 按【⊞】+【Pause Break】键可以快速打开"系统"窗口。

三、更改文件夹选项

Windows 7中的文件夹通常具有默认的显示外观和操作方式,可以通过更改文件夹选项来修改。设置在文件夹中使用单击打开项目的操作步骤如下:

(1)打开"控制面板",双击"文件夹选项"图标,打开"文件夹选项"对话框。

(2)单击"常规"选项卡,选中"通过单击打开项目"单选项,如图1-2-22所示。

(3)单击 确定 按钮,窗口中显示的内容发生了变化。

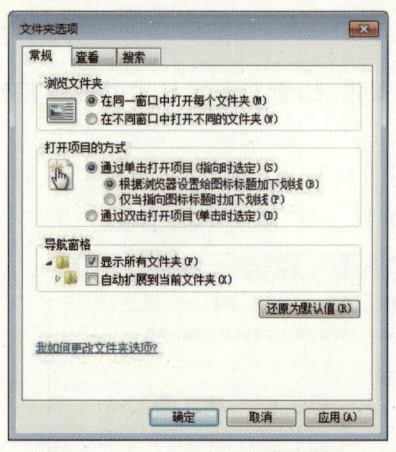

图1-2-22　文件夹选项常规设置　　　　　　图1-2-23　卸载程序

四、卸载或更改程序

在 Windows 7 系统中安装应用程序时，通过提供的安装文件可以直接完成。如果不再使用某应用程序，需要从系统中清除时，仅仅删除文件夹中的相应文件，并没有彻底删除此应用程序，应当使用相应的卸载程序。卸载系统中安装的"QQ"软件，其操作步骤如下：

（1）打开"控制面板"，单击"程序和功能"图标，进入"卸载或更改程序"界面。
（2）拖动列表框中的滚动条，单击"腾讯QQ"项目，如图1-2-23所示。
（3）单击鼠标右键，在快捷菜单中选择"卸载"命令，根据向导的提示，可以彻底卸载软件。

项目小结

通过本项目对 Windows 7 操作系统的介绍，小江会正确识别 Windows 桌面的组成元素，了解了桌面图标的作用，会正确使用和配置任务栏，了解并能够使用菜单、窗口和对话框，能够管理文件和文件夹，能够通过 Windows 系统设置，让电脑变得更加美观和符合使用习惯。

模块一　计算机基础知识

学以致用

（1）打开"计算机"，练习选择单个图标、同时选择多个相邻的图标、同时选择多个不连续的图标和选择窗口中所有图标，以及按照不同的显示方式查看图标。

（2）在D盘新建一个文件夹，命名为"数据"，然后将该文件夹复制到C盘中，然后将D盘的"数据"文件夹删除到回收站中，将C盘的"数据"文件夹彻底删除。

（3）在D盘建立如图1-2-24所示的文件夹：

```
USERA
  ├──USER1
  │    └──USER4
  ├──USER2
  └──USER3
```

图1-2-24　文件夹层级

①在USER1中建立一个文本文件，命名为"练习题.txt"。

②将USER1中的"练习题.txt"文件复制到USER2中，命名为"复件.txt"。

③将USER3文件夹复制到USER4文件夹中。

项目三　多彩的计算机网络

学习目标

(1)能理解计算机网络基本概念。
(2)会配置无线路由器。
(3)会接入无线网络。
(4)能通过浏览器获取信息。
(5)会使用搜索引擎。
(6)会收发邮件。

项目介绍

假期回到家中,小江买回一台无线路由器,希望通过配置无线网络,让笔记本电脑、手机等都能正常上网;通过网络获取信息;通过邮件与同学传递文件。

项目任务

任务一　组建家庭局域网

任务描述

学习计算机网络基本概念,正确配置无线路由器,通过无线网卡连接网络。

任务实施

一、认识计算机网络

为了实现计算机之间的通信交往、资源共享和协同工作,采用通信手段,将地理位置分散的、各自具备自主功能的一组计算机有机地联系起来,并且由网络操作系统进行管理,能实现信息交换和资源共享的计算机系统称为计算机网络。

计算机网络的连接需要一定的通信介质,通常使用以双绞线、同轴电缆、电话线、光纤等为主的有形介质和以激光、微波、地球卫星通信信道等为主的无形介质连接。

计算机网络的主要功能是资源共享,体现在数据通信、均衡负荷、分布处理等各个方面。

计算机网络种类繁多,按其所覆盖面积和节点之间的距离来分,可分为局域网、城域网和广域网。

二、配置无线网络

随着移动通信设备的不断普及,越来越多的用户使用笔记本、平板电脑、手机等设备上网。除有线接入外,家庭无线网络逐渐成为一种趋势。通常使用无线路由器配置家庭无线网络。其组建通常包括以下步骤。

1. 明确管理信息

家用无线路由器的管理信息通常标示在路由器的底部,包括默认的管理地址、管理用户名称和密码。其管理地址通常为http://192.168.1.1/,管理用户名和密码通常都是admin。

2. 接入无线路由器

在接入之前,需要首先设置接入电脑的IP地址,要求与无线路由器处于同一网段。设置接入电脑有线网卡的IP地址为http://192.168.1.10/,通过网线连接电脑和路由器的WAN端口。

打开浏览器,在地址栏输入无线路由器默认的管理地址http://192.168.1.1/,在弹出的对话框中输入无线路由器的管理用户名和密码。如果连接正确就能打开一张网页,在打开的网页中能看到无线路由器的运行状态。

3. 配置无线路由器

如果是第一次配置,建议使用向导进行设置。单击网页中的"设置向导"链接,出现如图1-3-1所示的页面。

单击"下一步"按钮,出现如图1-3-2所示的页面。

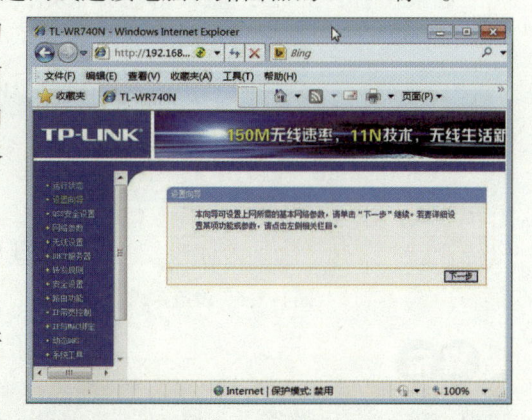

图1-3-1 设置向导

家庭上网大部分采用ISP提供的宽带直接接入,由ISP提供独立的用户名和密码,这种方式选择"PPPoE"。如果网络从物管接入,或者单位办公室接入网络,通常选择"静态IP"方式。

选中"PPPoE"方式,单击"下一步"按钮,出现如图1-3-3所示的页面。

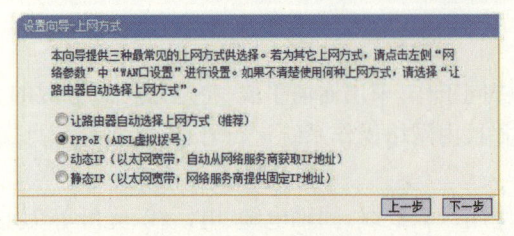

图1-3-2　选择上网方式　　　　　　　　图1-3-3　设置账号和密码

填入ISP提供的上网账号和口令,单击"下一步"按钮,出现如图1-3-4所示的页面。

图1-3-4　设置SSID和连接密码

通俗地说,"SSID"便是你给自己的无线网络所取的名字。以后电脑或手机要连接无线网时需要选择此名字。"PSK密码"是连接本SSID需要的密码。输入内容后,单击"下一步"按钮,出现如图1-3-5所示的"设置完成"页面。

单击"重启"按钮,重新启动路由器,路由器设置完成。

如果在图1-3-2中选择"静态IP",则设置的主要参数如图1-3-6所示。

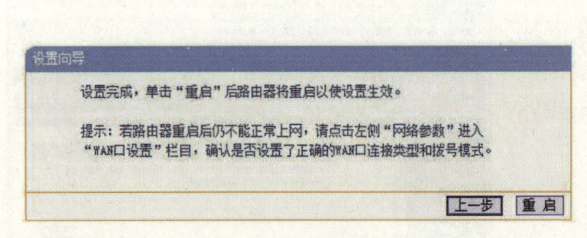

图1-3-5　设置完成　　　　　　　　　　图1-3-6　设置静态IP

提示

无线路由器可设置的内容还很多,如设置DHCP服务器、转发规则、安全设置、路由功能、IP与MAC绑定、包过滤等。

模块一　计算机基础知识

三、接入无线网络

在 Windows 系统中，设置无线网卡的 IP 地址和 DNS 服务器地址为自动获取。单击任务栏右下角的无线网络按钮，即可看到如图 1-3-7 所示的无线网络列表。

双击列表中的"XiaoJiangHome"，在弹出的对话框中输入密码，即可接入无线路由器，通过此网络访问 Internet。

任务二　使用 Internet"冲浪"

任务描述

学会使用 IE（Internet Explorer，简称"IE"）访问网页，能在网页中获取信息，掌握百度搜索引擎的使用方法。

图 1-3-7　无线 SSID 列表

任务实施

一、使用 IE 浏览网页

IE 浏览器是世界上使用最广泛的浏览器，它由微软公司开发，预装在 Windows 操作系统中。所以，我们装完 Windows 系统之后就会有 IE 浏览器。

单击任务栏快捷启动区域的 按钮，启动 IE，界面如图 1-3-8 所示。

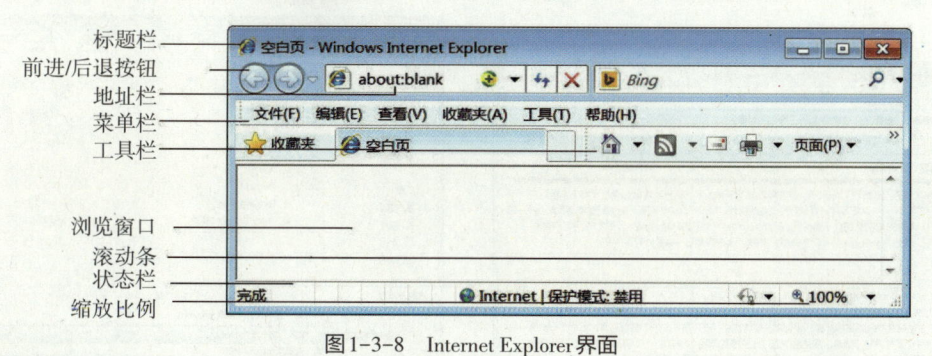

图 1-3-8　Internet Explorer 界面

知识窗

IE 和浏览器是两个不同的概念，IE 只是浏览器中的一种而已。比较常用的浏览器还有 Firefox、Safari、Opera 等。

在 IE 的地址栏中输入"http://www.qq.com"，按【Enter】键或单击地址栏右边的按钮就可以打

37

开腾讯网的首页，如图1-3-9所示。

在IE的地址栏中输入不同的网址，可以访问不同的网页。

图1-3-9　腾讯首页

知识窗

在输入网址http://www.qq.com时，前面的http://可以省略。

二、收集网络信息

我们经常在网上查找资料，找到之后如果需要将它们保存下来，可以根据用户的需要，选择不同的保存方法。

1.保存整篇网页

（1）打开如图1-3-10所示的网页。

（2）选择"文件"→"另存为"菜单命令，打开如图1-3-11所示的"保存网页"对话框。

图1-3-10　网页页面　　　　图1-3-11　保存网页

（3）保存文件默认的文件名为该网页的标题，也可重新指定保存的文件名和位置。

（4）选择合适的文件类型。

（5）单击 保存(S) 按钮，网页中所有的信息则保存到文件中。

2.保存网页中的文字

保存网页中的部分文字,其操作步骤如下:

(1)打开文字所在的网页,拖动鼠标,选定需要保存的文字。

(2)在选中的文字上单击鼠标右键,在弹出的快捷菜单中选择"复制"命令,选中的文字被送到剪贴板,如图1-3-12所示。

(3)启动Windows系统中的记事本或Word文字处理软件,将剪贴板中的文字粘贴到文档中。

知识窗

如果需要的只是文字信息,最好复制到记事本中,字符中所有的格式信息都将被过滤掉,这样下载的文字最"干净"。

有些网页中的文字不允许被选定,用以上方法保存不了。可以选择了"查看"→"源文件"菜单命令,网页中的文字会出现在源文件中,在源文件中操作文字就不会受限制了。

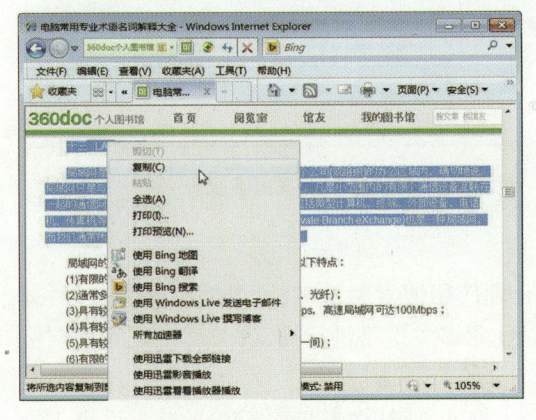

图1-3-12 复制网页中的文字

图1-3-13 百度首页

3.保存网页中的图片

如果只需要保存网页中的图片,则用鼠标指向网页中显示的图片,单击鼠标右键,在弹出的快捷菜单中选择"图片另存为…"菜单命令即可。

三、使用百度搜索引擎

百度是全球最大的中文搜索引擎、最大的中文网站,通过超过百亿的中文网页数据库,让用户通过百度主页,可以快速找到相关的搜索结果。

打开IE,在地址栏中输入"http://www.baidu.com",打开百度网的首页,如图1-3-13所示。

1.单关键字搜索

在文本框内输入搜索的文字,单击右侧的 百度一下 按钮,即可看到相应的搜索结果,如图1-3-14所示。

搜索结果页面中包含"搜索结果标题""搜索结果摘要""百度快照""页码列表""相关搜索"等主要内容。单击搜索结果标题即可打开对应的页面。

提示

并非所有搜索到的网页都可以打开,其中也包括很多空链接、死链接。遇到这种情况时,可以试试百度快照,单击其他的搜索结果标题或者更换搜索关键字。

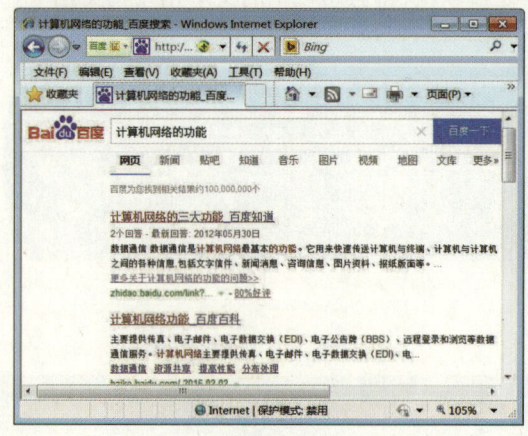

图1-3-14　百度搜索结果

图1-3-15　多关键字搜索

2. 多关键字组合搜索

使用搜索引擎时,选择搜索关键字非常重要。合理使用搜索关键字,可以缩小搜索范围,提高搜索准确度。如果单关键字搜索的结果太多,可以使用多关键字进行搜索,关键字之间用空格间隔。

如搜索"三星带GPS导航功能手机的价格",可输入搜索关键字"三星　GPS导航　手机　价格",单击 百度一下 按钮,结果如图1-3-15所示。

3. 使用"百度知道"

"百度知道"是一个提问和回答问题的场所。如果你有什么问题,可以到"知道"里面寻找答案。如果没有找到满意的答案,也可以把问题提出来,等待热心的网友来回答。使用带提问性质的搜索关键字,通常会自动进入"百度知道"。

输入搜索关键字"电脑为什么没声音",单击"百度一下",搜索结果如图1-3-16所示。

单击相应标题,可以看到网友回答的内

图1-3-16　百度知道

容。如果没有找到满意的答案，可以单击"我要提问"链接，把问题放到"百度知道"中，等待其他用户来回答。

> **知识窗**
> 　　百度除了网页搜索外，还根据用户的需要，提供了诸如知道、新闻、文库、音乐、贴吧、图片、地图等不同的产品。

任务三　收发邮件

> **任务描述**

申请一个邮箱账号，使用本账号收邮件和发邮件。

> **任务实施**

一、申请邮箱

电子邮件简称 E-mail，要发送或接收电子邮件，必须先申请一个电子邮箱。电子邮箱也称为 E-mail 地址，用来唯一确定邮件的发送目标，由"用户名+@+主机域名"构成。

在 IE 地址栏输入"http://www.126.com"，进入"126 网易免费邮"首页，单击"注册"按钮，在弹出的页面中选择"注册字母邮箱"，如图 1-3-17 所示。

填入相应的信息后，单击"立即注册"按钮，弹出如图 1-3-18 所示的页面。

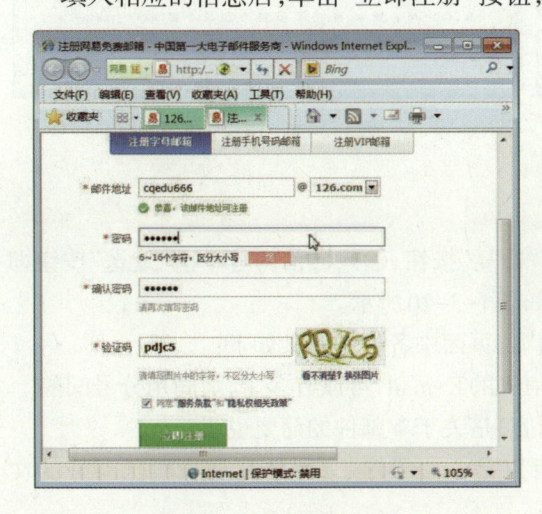

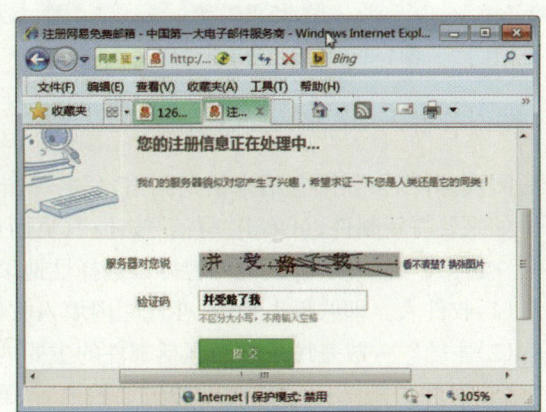

图 1-3-17　选择用户名　　　　　　　　图 1-3-18　填写验证码

为了防止电脑自动注册，126 邮箱服务器要求输入验证码。输入上图中图片形式的验证码后，单击"提交"按钮，系统显示邮箱注册成功。

二、收邮件

在"126网易免费邮"首页输入邮箱用户名和密码后,单击"登录"按钮即可登录邮箱。登录成功后单击"收信"按钮即可显示收件箱中的邮件,如图1-3-19所示。

单击邮件标题即可阅读邮件的具体内容。邮件阅读后,你可以单击相应的链接完成以下操作:

(1)返回。回到主界面。
(2)删除。把本邮件从收件箱中删除,送入"已删除"文件夹。
(3)回复。直接给发信人回信。
(4)转发。把本邮件的内容发给另一个人。
(5)移动。把本邮件从收件箱中转移到其他位置存储。
(6)下一封。阅读下一封邮件。
(7)保存联系人。把发信人的地址添加到自己的通讯录中,方便以后使用。
(8)拒收。凡是以后这个地址发来的邮件都不收取,这是对付垃圾邮件的一种手段。

如果邮件中包含有附件,可以在线打开附件预览,也可以把附件下载到本机后再查看。

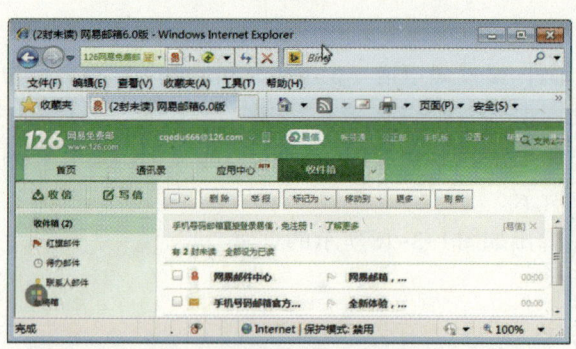

图1-3-19 收件箱中邮件列表　　　　图1-3-20 撰写新邮件

三、发送邮件

阅读邮件后,如果想给来信人回信,只需单击"回复"按钮,输入回信内容单击"发送"按钮即可。如果要写新邮件,可单击"写信"按钮,其页面如图1-3-20所示。

"收件人"必须填写,其他内容可以选择性地填写,页面中各栏的意义如下:

(1)收件人。即收件人地址,在此栏内填入收信人的E-mail,可以有多个,之间用分号间隔。
(2)主题。一般是用一句话概括邮件的主要内容,是关于本邮件的简要说明。
(3)附件。是邮件除正文以外附加的内容,可以是一段程序、一张照片和一篇已写好的文章等。
(4)正文。最下边空白部分,信件的内容即写于此。
(5)抄送。如果要一次将邮件发送给多人,在此框内填入其他收件人的地址,每个人都会收到相同的邮件。

(6)密送。意义与"抄送"相似，只是收件人看不到其他收件人的地址。

邮件撰写结束后，单击"发送"按钮，邮件便可发送到指定的邮箱中。

知识窗

网易邮箱提供了管理功能，让用户的邮箱更加个性化、功能化和人性化，包含修改个人资料、修改密码、密码保护、参数设置、设计签名、自动转发、自动回复、定时发信、黑名单、白名单、反病毒等。

项目小结

通过本项目对计算机网络基础知识的介绍，小江能够正确理解计算机网络的基本概念与术语，能够了解组建家庭局域网的方法并正确接入无线网络，能够通过搜索引擎查找信息、通过浏览器获取信息，会使用"126网易免费邮"收发邮件。

学以致用

(1)从网上下载一篇入党申请书的范文，保存到D盘"网络资料"文件夹中。

(2)从网上下载一张周杰伦相关的图片，作为计算机的桌面背景。

(3)从网上下载QQ软件，试试安装到你的计算机中。

(4)从网上下载"团结就是力量"这首歌的歌词。

(5)使用百度搜索引擎，搜索"社会主义核心价值观"的内容及其解读。

(6)撰写一封带附件的邮件，同时发送给两个以上的同学。

项目四　丰富的工具软件

学习目标

(1) 会申请QQ账号。
(2) 能使用QQ与好友交流。
(3) 能使用QQ发送与接收文件。
(4) 了解网络安全常识。
(5) 会使用360安全卫士保护电脑。
(6) 会压缩和解压文件。

项目介绍

小江上网后,希望通过网络与初中同学交流,于是开始使用QQ软件。为了让电脑更加安全,他也安装了360安全卫士软件。

项目任务

任务一　学会网络沟通

任务描述

申请QQ号码后,与好友聊天和交换文件,使用腾讯微博发布信息。

模块一　计算机基础知识

> 任务描述

一、申请QQ号码

腾讯QQ(简称"QQ")是腾讯公司开发的一款基于Internet的即时通信软件。腾讯QQ支持在线聊天、视频电话、点对点断点续传文件、共享文件、网络硬盘、自定义面板、QQ邮箱等多种功能，并可与移动通讯终端等多种通讯方式相连，其标志是一只戴着红色围巾的小企鹅。目前，QQ已经覆盖PC、Mac、Android等主流平台。

要使用QQ，必须先下载、安装QQ软件，然后注册申请一个号码，其操作步骤如下：

(1)进入腾讯公司网页，下载QQ软件，双击安装文件，根据向导提示，安装QQ。

(2)安装结束后，双击桌面上的 图标，显示如图1-4-1所示的登录界面。

(3)单击"注册账号"链接，在弹出的网页中填写相关信息，如图1-4-2所示。

图1-4-1　QQ登录界面　　　　　　　图1-4-2　申请QQ账号

(4)填入页面中要求的信息，单击"立即注册"按钮，即可显示注册成功页面。

> 提示
> 注册成功后，请牢记自己的QQ账号，并设置相应的保护信息。

二、登录QQ

在QQ登录界面输入QQ号码和QQ密码后，单击"登录"按钮，即可显示如图1-4-3所示的QQ系统主界面，表明登录成功。

三、添加好友

登录QQ后，可以通过"查找"功能来添加好友，其操作步骤如下：

(1)单击"查找"按钮。

(2)在弹出的对话框中输入对方的QQ号码，单击 查找 按钮。

图1-4-3　QQ主界面

45

(3)在搜索到的结果列表中选择,单击 +好友 按钮,好友即添加成功(当然,有时需要验证通过后才能成功添加)。

知识窗

　　添加好友时,自己和对方都会收到相应的系统提示信息,很多QQ用户设置被对方添加为好友时,需要输入身份验证信息。

四、与好友聊天

　　添加好友成功后,双击好友的图标,即可进入如图1-4-4所示的聊天界面。在聊天窗口中输入内容,单击 发送(S) 按钮,即可向好友发送消息。

图1-4-4　与好友聊天

提示

　　使用QQ时,一定要注意自己的言行。不要轻信陌生网友,要仔细鉴别,加强自我保护。

五、文件发送

　　除了与好友进行文字交流外,还可以使用QQ向好友发送文件,并且QQ支持断点续传,文件传送的操作步骤如下:

(1)进入与好友的聊天界面。

(2)单击 按钮,选择"发送文件/文件夹"命令,弹出"打开文件"对话框。

(3)选择要发送的文件后,单击 发送(S) 按钮,显示如图1-4-5所示的发送文件界面,此时,好友的桌面上会显示如图1-4-6所示的接收文件界面。

图1-4-5　发送文件　　　　　　　　图1-4-6　接收文件

(4)单击"接收"或"另存为"链接,表示愿意接收对方发送的文件,单击"取消"链接,拒绝本次传送。

模块一　计算机基础知识

> **知识窗**
> 拖动要发送的文件到文字编辑框,也可以在线或离线发送文件。

六、使用腾讯微博

单击"腾讯微博"按钮 ![] ,按照向导提示,即可打开腾讯微博,如图1-4-7所示。

在文本框内编辑要发布的内容,单击 广播 按钮,即可发布自己的微博。

图1-4-7　腾讯微博　　　　　　　　图1-4-8　QQ邮箱

七、使用QQ邮箱

单击"QQ邮箱"按钮 ![] ,即可打开QQ邮箱,如图1-4-8所示。

单击"写信"链接可以撰写新邮件,单击"收信"链接可以查看邮箱中已收到的邮件,单击"通讯录"链接可以管理联系人的信息。

任务二　维护电脑安全

任务描述

学习网络安全基础知识,认识病毒与木马,使用360安全卫士保护电脑。

任务实施

一、认识网络安全

随着计算机网络的发展,木马、病毒、流氓软件、钓鱼欺诈网页等多元化的安全威胁层出不穷,增强安全意识,提高自我防护能力,是对计算机用户的基本要求。

47

1. 计算机信息系统安全

计算机信息系统本身的脆弱性是造成计算机系统不安全的主要因素，其脆弱性主要表现在硬件系统、软件系统、计算机网络、存储系统和信息传输中。

计算机信息系统安全的范畴主要包括实体安全、运行安全、信息安全和网络安全等几个方面。

计算机信息系统的安全保护，应主要从以下几个方面入手：

(1) 计算机信息系统的安全管理。
(2) 一般计算机信息系统安全保护技术。
(3) 内部网络的安全技术。
(4) Internet的安全技术。

2. 计算机病毒

计算机病毒是在计算机程序中插入的破坏计算机功能或者毁坏数据、影响计算机使用并能自我复制的一组计算机指令或者程序代码。

计算机病毒具有生物病毒的大多数特点，其主要特点有：破坏性、传染性、隐蔽性和潜伏性。

计算机病毒有独特的复制能力，可以很快地蔓延，又常常难以根除。它们能把自身附着在各种类型的文件上，当文件被复制或从一个用户传送到另一个用户时，随同文件一起蔓延开来。

一般来说，计算机病毒主要通过软盘、硬盘、光盘、网络和无线通道进行传播。在网络中，网页浏览、文件下载、电子邮件、网络论坛等是病毒传播的主要途径。

计算机病毒虽然令人烦恼，但并不可怕，只要采取有力的措施，就能够有效地预防病毒。我们一定要从观念、管理和技术等多方面入手，做好病毒的预防工作。

> **提示**
> 在日常应用中，不管你从网上获取到什么文件，最好都先杀毒。

3. 计算机木马

木马不同于计算机病毒，但它对计算机也有很大的危害性。木马通常由客户端（控制端）和服务端两部分组成，其实质是一个网络"客户/服务"程序。客户端是攻击者使用的程序，服务端程序即是木马。

当计算机运行木马程序后，攻击者就可以使用客户端程序远程控制和监视你的计算机。木马程序一般来说不会破坏用户的系统，其主要危害是窃取用户的资料，盗窃用户的账户和密码等信息。

木马具有隐蔽性、自动运行性、自动恢复性、自动打开端口等特点。

如果我们不小心中了木马，也不要紧张，除了立即更改所有的账号密码外，还应该马上使用杀病毒软件或杀木马软件来清除。

二、初始化360安全卫士

360(奇虎360科技有限公司,简称360)拥有360安全卫士、360安全浏览器、360保险箱、360杀毒、360软件管家、360手机卫士、360极速浏览器、360安全桌面、360手机助手、360云盘、360随身WiFi等系列产品。我们仅选择360安全卫士做相应的操作说明。

1.下载360安全卫士

进入360互联网安全中心的官网http://www.360.cn/,找到"360安全卫士",单击"下载"按钮,即可下载"360安全卫士"10.0正式版(版本更新较快,本书以此为例)在线安装文件。

> **提示**
> 要安装360安全卫士,也可以到其他网站下载360安全卫士的完整安装包。

2.安装、设置360安全卫士

双击安装文件,在弹出的对话框中单击"立即安装",开始安装360安全卫士。安装完成后系统会自动启动360安全卫士。

安装结束后,单击右上角的主菜单▼按钮,选择"设置"选项,打开360设置中心,可根据需要更改设置,如图1-4-9所示。

图1-4-9　360设置中心　　　　　　　　图1-4-10　360体检结果

三、使用360安全卫士

1.电脑体检

双击任务栏右下角的360安全卫士图标,打开主界面,单击"立即体检"按钮,可对系统的安全状态进行检查,检查结果如图1-4-10所示。

根据检查结果,可以选择"一键修复",也可以根据用户需要选择性地修复。

2.木马查杀

单击"查杀修复"按钮,可以检测系统中是否存在木马,用户可以根据扫描的结果选择对应的处理方式。

3. 电脑清理

单击"电脑清理"按钮，显示如图1-4-11所示的操作界面。

用户可以单击相应的按钮来清理相关的数据。

4. 优化加速

单击"优化加速"按钮，显示如图1-4-12所示的操作界面。

用户可以单击相应的按钮来优化相关的数据。

图1-4-11　360电脑清理　　　　　　图1-4-12　360优化加速

任务三　压缩、解压文件

任务描述

认识压缩软件，使用WinRAR压缩与解压文件。

任务实施

文件压缩就是按一定的算法将文件进行处理，使其占用的磁盘空间减少，同时又能够通过解压恢复文件原样的操作。文件压缩后所生成的文件称为压缩包。

WinZip和WinRAR是在Windows环境下被广泛使用的两款压缩软件，由于WinRAR采用了更先进的编码技术，压缩效率更高，操作方式又与WinZip相似，所以这里我们学习WinRAR压缩软件。

一、认识压缩软件

启动WinRAR后，可以看到如图1-4-13所示的WinRAR主界面，包含菜单栏、工具栏、向上一层按钮、地址栏、文件列表和状态栏等内容。

模块一　计算机基础知识

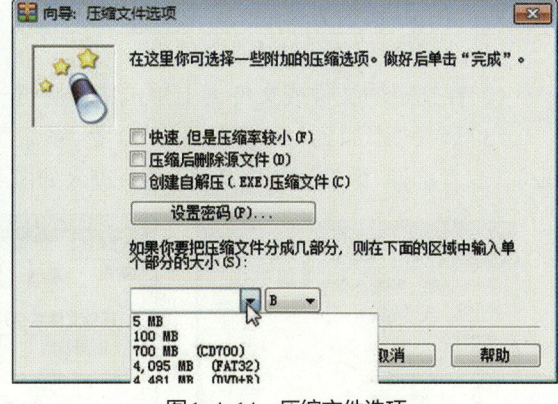

图1-4-13　WinRAR主界面

图1-4-14　压缩文件选项

二、制作压缩包

WinRAR中压缩文件的方法很多,压缩文件最直观的方式就是使用向导进行压缩。

知识窗

压缩文件夹时,会把子文件夹中所有的内容一起压缩。

1.使用向导压缩

使用向导制作压缩包的操作步骤如下:

(1)启动WinRAR软件。

(2)选择"工具"→"向导"菜单命令或单击工具栏上的按钮，弹出"向导:选择操作"对话框。

(3)在对话框中选择"创建新的压缩文件",单击 下一步(N)> 按钮,弹出"请选择要添加的文件"对话框。

(4)按照Windows选定文件的方式,选择要压缩的文件或文件夹,然后单击 确定 按钮,弹出"向导:选择压缩文件"对话框。

(5)在对话框中输入要创建的压缩包文件名,或者单击 浏览(B)... 按钮,重新选择存储压缩包的路径和文件名,单击 下一步(N)> 按钮,出现如图1-4-14所示的对话框。

(6)图1-4-14中,三个复选框都是可选项。如果要实现分卷压缩,在下拉列表框中选择或手工输入每卷的大小,根据文件的大小可能产生多个压缩包文件。如果只是压缩成一个文件,则完全不必理会下面的列表框。

(7)单击 完成 按钮后,WinRAR开始压缩选定的文件,压缩窗口上部的进度条会显示当前文件的处理进度,窗口下部进度部分表示已经处理的数据比例。

2.使用快捷菜单压缩

除了进入WinRAR操作界面,使用向导进行压缩外,还可以使用Windows快捷菜单对文件进

51

行压缩操作,其操作步骤如下:

(1)选定要压缩的文件或文件夹。

(2)在选定的文件或文件夹上单击鼠标右键,弹出快捷菜单,如图1-4-15所示。

(3)选择"添加到'放烟花.rar'"命令,系统采用默认设置完成压缩,生成压缩包"放烟花.rar"。或者选择"添加到压缩文件"命令进入如图1-4-16所示的对话框。

图1-4-15　采用快捷菜单制作压缩包

图1-4-16　压缩文件名和参数的设置

三、解压文件

文件用WinRAR压缩后,可以通过解压恢复原样。

1.使用向导解压

(1)双击WinRAR压缩包文件,进入WinRAR"压缩包管理模式",如图1-4-17所示。

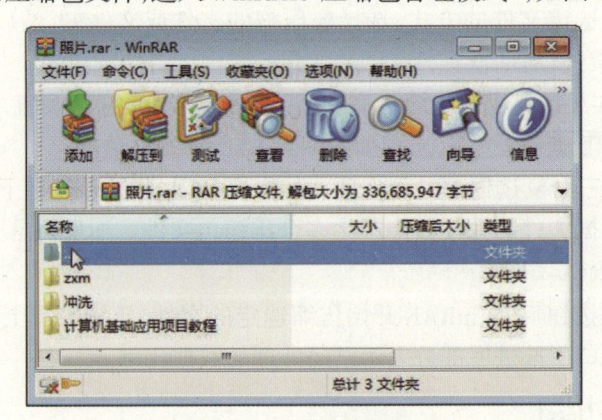

图1-4-17　压缩包管理界面

(2)选择"工具"→"向导"菜单命令或单击工具栏上的 按钮,弹出"向导:选择文件夹解压文件"对话框。

(3)选择一个文件夹存放从压缩包中解压的文件。可以接受推荐的文件夹,或者单击 浏览(B)... 按钮选择其他文件夹。

(4)选择好文件夹后,单击对话框底部的 完成 按钮开始解压。

2.使用命令解压

(1)在压缩包管理模式,选择"命令"→"解压到指定文件夹"菜单命令或者单击工具栏上的 按钮,在"解压路径和选项"对话框中指定一个文件夹。

(2)单击 确定 按钮开始解压操作。

知识窗

解压时,第一种方法会释放压缩包中所有的文件,不管文件是否被选中;第二种方法只释放选定的文件,在解压之前还可以设置解压模式等其他选项。

3.使用快捷菜单解压

前两种解压方式都需要进入到WinRAR主界面中,平时使用较多的一种操作方式是通过Windows快捷菜单解压,其操作步骤如下:

(1)选定要解压的压缩包文件。

(2)在选定的压缩包文件上单击鼠标右键,弹出快捷菜单,如图1-4-18所示。

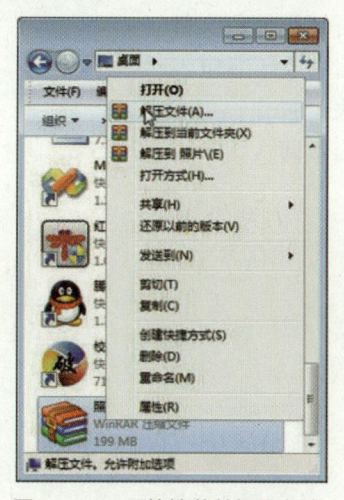

图1-4-18 用快捷菜单解压文件

(3)选择"解压文件…""解压到当前文件夹""解压到XX"任意一项都可以从压缩包中解压文件。

知识窗

"XX"是指压缩包的名称,意思是在当前文件夹中建立"XX文件夹",把压缩包中的文件解压到"XX文件夹"中。

项目小结

通过本项目对QQ、360安全卫士、WinRAR等软件的介绍,小江了解了申请QQ账号的方法,能够使用QQ与好友交流,能够通过QQ发送与接收文件。同时,小江了解了网络安全的基本常识,掌握了电脑安全防护的基本方法,能够正确压缩和解压文件。

学以致用

(1)从网上下载、安装360安全卫士,并且对本机进行安全保护。
(2)请制作一个带密码的自解压压缩包文件。
(3)把D盘中的所有内容压缩生成压缩包。
(4)使用QQ软件,练习文件发送操作。
(5)登录QQ,打开并发布一篇微博。

模块二

中文 Word 2010 电子文档

Word 2010是Microsoft公司开发的Office 2010办公组件之一，主要用于文字处理工作，Word 2010可轻松高效地设计、编辑、制作多种类型的文档，如行政公文、新闻稿件、个人简历、电子小报、奖状证书、贺卡、信件、评价表单等。

计算机基础知识项目教程

项目一　美观的宣传文档

学习目标

（1）能正确启动Word 2010软件。
（2）能熟悉Word 2010的窗口构成。
（3）会新建、编辑、保存、打开Word 2010文档。
（4）会操作Word 2010段落对话框，能对文档段落进行格式设置等。
（5）会操作Word 2010字体对话框，能对文档字符进行格式设置等。

项目介绍

随着计算机课程的深入，小江开始学习Word 2010软件，利用《智能手机的独白》短文学习其相关操作命令。制作效果如图2-1-1所示。

图2-1-1　项目文档效果

模块二　中文 Word 2010 电子文档

项目任务

任务一　观察 Word 2010 窗口构成

任务描述

启动 Word 2010 软件，观察 Word 2010 主界面的构成，并打开"页面设置"对话框。

任务实施

一、启动 Word 2010

（1）在 Windows 7 环境中，单击"开始"→"所有程序"→"Microsoft Office"→"Micrsoft Word 2010"，等待 Word 2010 启动完毕。

（2）完成 Word 2010 文档的新建。

二、观察 Word 2010 主界面

Word 2010 软件主界面通常由标题栏、菜单栏、工具栏、功能区、标尺按钮、编辑区、滚动条、状态栏、显示视图按钮、缩放按钮等组成。Word 2010 主界面如图 2-1-2 所示。

三、页面设置

（1）单击"页面布局"，打开"页面设置"对话框。
（2）在对话框中设置页边距和纸张方向，如图 2-1-3 所示。

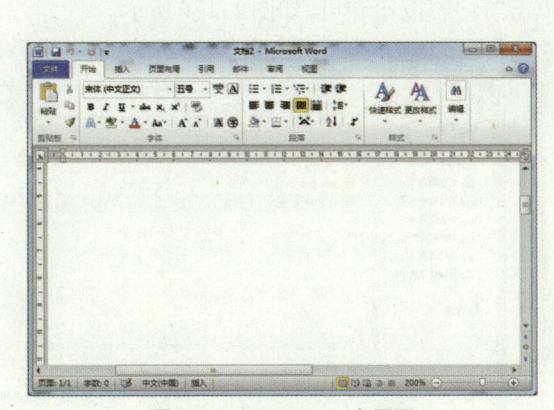

图 2-1-2　Word 2010 主界面　　　　图 2-1-3　页面设置

57

任务二　准备 Word 2010 文档

任务描述

新建一个空白文档，录入短文，然后保存文档到 D 盘。

任务实施

一、新建文档

（1）单击"文件"→"新建"→"空白文档"→"创建"，新建文档。

（2）首次启动 Word 2010，已默认新建一个空白文档，不用再次新建。

二、录入文档

（1）打开 Word 2010 文档。

（2）在新建的空白文档从第一行开始录入以下短文，如图 2-1-4 所示。

图 2-1-4　录入文档

三、保存文档

（1）单击"文件"→"保存"，打开"另存为"对话框。

（2）在"另存为"对话框中，在左侧窗口选择"本地磁盘(D:)"，输入文件名"智能手机的独白"，单击"保存"按钮，文档保存至 D 盘。如图 2-1-5 所示。

四、"打开"文档

（1）单击"文件"→"打开"，弹出"打开"对话框。

（2）寻找保存在 D 盘里的文档并选中，单击"打开"按钮即可，如图 2-1-6 所示。

图 2-1-5　保存文档　　　　　图 2-1-6　打开文档

任务三　设置文档段落格式

任务描述

对录入文档的标题和正文进行段落格式设置,包括对齐方式、段落间距、行距、段落缩进、特殊格式等,使设置后的文档更加直观、规范。

任务实施

对文档段落进行格式设置,主要是在"段落"组快捷面板或"段落"对话框中设置,两种操作方法都应掌握。

一、设置文本对齐方式

(1)选中文档的标题行(即第1段文字:智能手机的独白),如图2-1-7所示。
(2)单击"段落"组面板上的"居中"按钮,实现标题行居中对齐。
(3)按照第1步和第2步的操作思路,将文档结尾处日期设为右对齐。

二、调整文档段落间距

(1)选中文档的标题行,单击"开始"→"段落"对话框显示按钮,打开"段落"对话框。
(2)在"段落"对话框中,间距的"段后"设"1.5行",单击"确定"按钮完成操作。如图2-1-8所示。
(3)选中文档第2至~12段内容(大家好……2015年1月6日),同样在"段落"对话框中,将间距的"段后"设为"0.5行"。

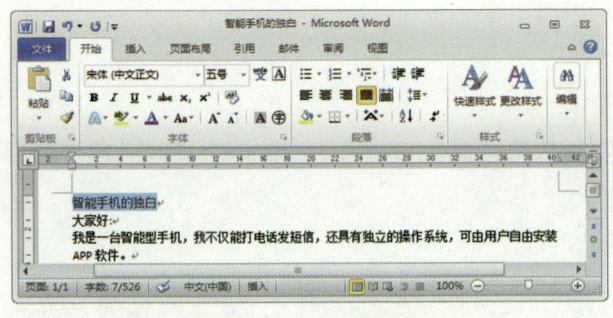

图2-1-7　文档对齐方式　　　　　　　图2-1-8　段落间距设置

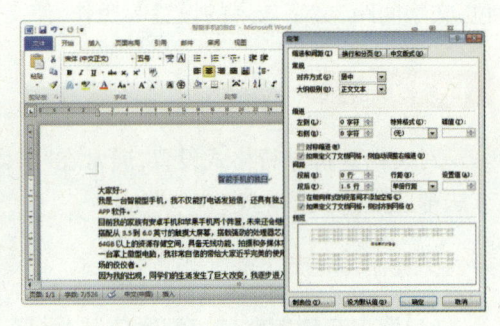

三、调整文档行距和缩进

(1)选中文档第3~11段(我是一台智能型手机……成为你的好助手。)。
(2)打开"段落"对话框,调整行距为1.5倍行距;在"特殊格式"下拉框中选择"首行缩进",磅值调整为"2字符",如图2-1-9所示。

59

四、创建项目符号

(1)选中文档第7~10段(智能手机让你与同学……导致身体素质下降。)。

(2)单击"段落"组面板中"项目符号"按钮,为文档7~10段添加项目符号,效果图如图2-1-10所示。

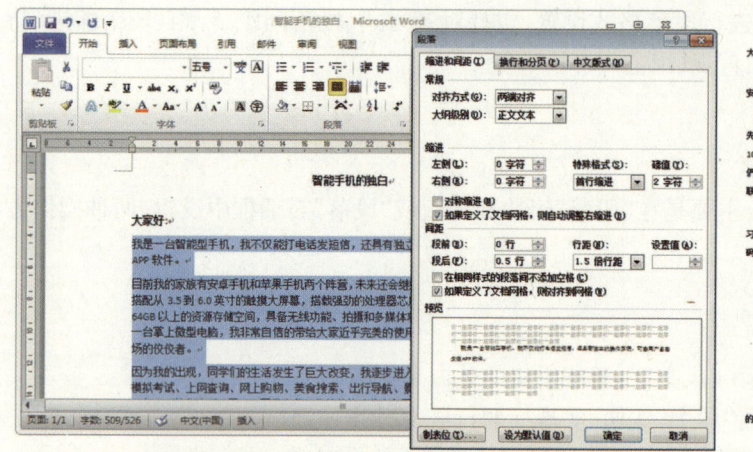

图2-1-9　调整行距和缩进

图2-1-10　效果图

任务四　设置文档字符格式

> **任务描述**

在任务三的基础上对文档的标题和正文进行字符格式设置,包括文字字体、字形、字号、颜色,文字间距,文字效果的设置等操作,使文档更显美观。

> **任务实施**

对文档字符进行格式设置,通常在"字体"组快捷面板或"字体"对话框中进行操作,两种操作方法都应掌握。

一、设置字体格式

(1)选中文档的标题,在"字体"中设置字体为"黑体",字号为"二号",字形为"加粗",字体颜色为"浅蓝"。如图2-1-11所示。

(2)选中文档第2~12段(大家好……2015年1月6日),单击"开始"→"字体"对话框显示按钮,弹出"字体"对话框。设置字体为"宋体",字号为"小四"。如图2-1-12所示。

模块二 中文 Word 2010 电子文档

图 2-1-11 设置标题字体格式　　　　　图 2-1-12 设置正文字体格式

（3）第2段文字（大家好）：字形设为"加粗"；第3段中的"智能型手机"字形"加粗"，下划线"点短下划线"；第4段中的"安卓手机""苹果手机"，字形"加粗"；第4段中的"有了这些硬件……市场的佼佼者。"，字形"倾斜"，设为"下划线"，着重号"."；第5段字体颜色"紫色"；第7~10段字形设为"倾斜"，效果如图2-1-13所示。

二、调整字符间距

（1）选中文档第3段中的"智能型手机"。

（2）单击"字体"对话框显示按钮，切换到"高级"选项卡，设置缩放"100%"；间距"加宽"，磅值为2磅；位置选择"提升"，磅值为8磅。如图2-1-14所示。

图 2-1-13 设置字体格式完成效果

三、添加文字效果

（1）按住【Ctrl】键不放，选中文档标题与第5段，然后打开"字体"对话框，单击最下方的"文字效果"按钮，弹出"设置文本效果格式"对话框。

（2）在对话框里，左侧窗体中选择"阴影"，然后单击右侧窗体中的"预设"下拉按钮，选择"向右偏移"；接着左侧窗体选择"映像"，再单击右侧窗体"预设"下拉按钮，选择"半映像，接触"，如图2-1-15所示。

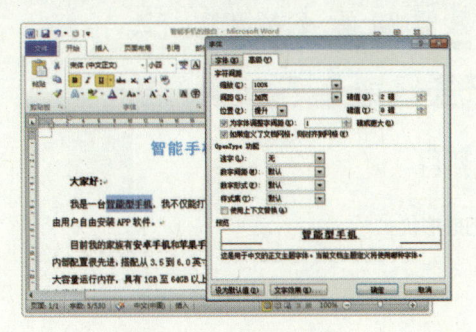

图 2-1-14 调整字符间距　　　　　图 2-1-15 添加文字效果

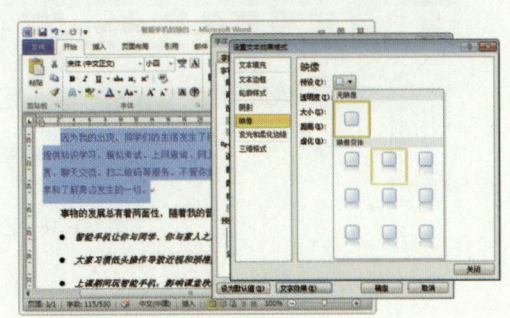

61

四、设置字符边框和底纹

(1)选中文档第6段,然后在字体组面板中,分别单击"字符底纹" A 和"字符边框" A 按钮,即添加效果。

(2)选中文档第11段,然后在段落组面板中,单击"底纹"下拉按钮，在下拉框中,选择"黄色",如图2-1-16所示。

五、添加艺术字

(1)选中文档第2段(大家好:),然后单击"插入"菜单命令,单击"艺术字"按钮 A,在下拉框中选择第5行第3列的样式。如图2-1-17所示。

(2)将艺术字字号设为"三号",调整文本框大小并移动到合适位置。

图2-1-16　设置边框和底纹　　　　图2-1-17　添加艺术字

六、添加图形形状

(1)单击"插入"→"插图"组→"形状"按钮，在下拉框中找到"星与旗帜"区域,选择"五角星"形状。

(2)在文档中画出五角星,调整大小,拖动到标题左侧即可,如图2-1-18所示。

图2-1-18　添加图形形状

模块二　中文 Word 2010 电子文档

项目小结

　　本项目将 Word 2010 文档基本操作、页面设置、段落格式、字符格式、文字效果、边框底纹等知识融入数个任务当中。通过完成相应的任务，小江熟悉了 Word 2010 的启动步骤，了解了软件主界面结构等。本项目属于 Word 2010 的基础操作部分，在后续知识的学习中会被反复运用，必须熟练掌握。

学以致用

1. 文档排版

　　请你打开"学生素材/模块二/项目一/Windows 10 操作系统的变革素材.docx"。为这篇 IT 文档排版。文档样式效果如图 2-1-19 所示。

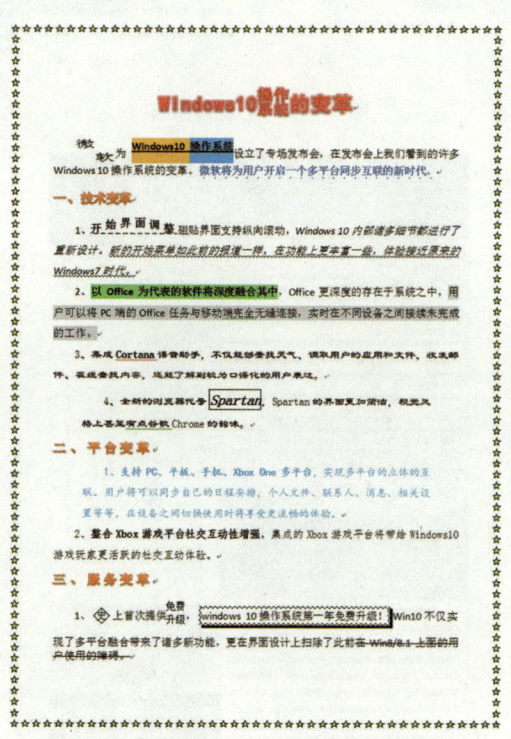

图 2-1-19　文样样式效果

2.制作电子报

同学们在学习、生活中会关注一些主流的话题，例如："心理健康"和"绿色环保"就是两个永恒的话题。请同学们参考图2-1-20（A3纸张）、图2-1-21（A4纸张）所示样式，拟定电子报题目，收集电子报资源，为制作一份电子报做准备。参考素材："学生素材/模块二/项目一/心理健康报素材"，"学生素材/模块二/项目一/环保小报素材"。

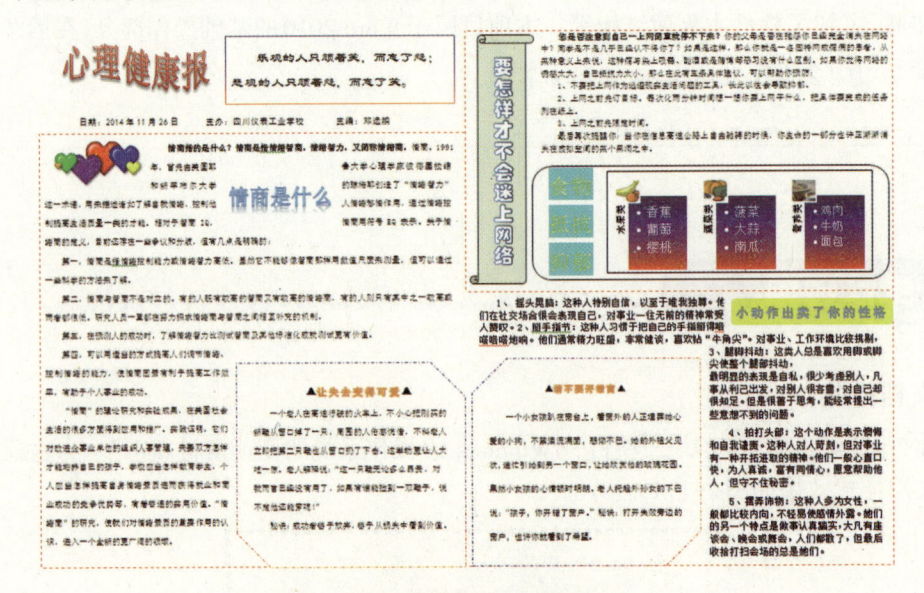

图2-1-20　心理健康报

图2-1-21　绿色环保报

模块二　中文 Word 2010 电子文档

项目二　简单的短文档编辑

学习目标

(1) 会使用 Word 文档进行基本操作,包括复制、剪切、粘贴、删除、查找和替换等。
(2) 会 Word 文档页面格式化的一般技巧,如页面设置、边框底纹、背景水印、首字下沉、项目符号与编号、页眉与页脚、中文版式、分栏、插入艺术字等。
(3) 能使用 Word 的基本编辑技术,对文档进行合理美化。

项目介绍

小江最近看了偶像——苹果公司创始人乔布斯的演讲视频,很是激动,就在网上查找了乔布斯演讲的相关内容。他想将这些内容用 Word 2010 软件进行编辑,做成一篇如图 2-2-1 所示的短文,然后打印出来与其他同学分享。

图 2-2-1　乔布斯的魔力演讲短文

65

任务一　设置页面

任务描述

Word 页面设置的应用是比较广泛的。页面的设置可以使页面更加美观,同时也能给我们带来更多的阅读方便,所以 Word 的页面设置需要我们多加了解,以便以后能在更多领域上灵活运用。

任务实施

小江先将"模块三/项目二/教师素材/文字.txt"里面的内容复制到 Word 文档中。

一、设置页边距

(1)单击"页面布局"→"页面设置"组→"页边距",Word 2010 提供了"普通""宽""窄"等五个默认选项,用户可以根据需要选择页边距,如图 2-2-2 所示。

(2)在"页边距"按钮的下拉菜单中选择"自定义边距"选项,在弹出的"页面设置"对话框中进行设置,如图 2-2-3 所示。

图 2-2-2　选择页边距　　　　　图 2-2-3　设置页边距

二、设置纸张方向

(1)单击"页面布局"→"页面设置"组→"纸张方向"按钮。
(2)在下拉列表中根据需要选择"横向"或"纵向"两个方向,如图 2-2-4 所示。

图2-2-4 设置纸张方向

三、设置纸张大小

(1)单击"页面布局"→"页面设置"组→"纸张大小"按钮,在下拉菜单中提供了多种预设的纸张大小,读者可根据需要进行选择,如图2-2-5所示。

(2)若要自定义纸张大小,在下拉菜单中单击"其他页面大小",在弹出的"页面设置"对话框中进行设置后单击"确定"即可,如图2-2-6所示。

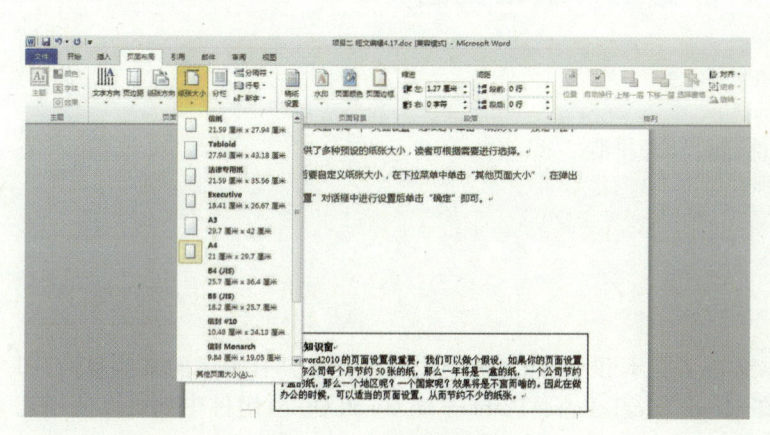

图2-2-5 选择纸张大小　　　　图2-2-6 设置纸张大小

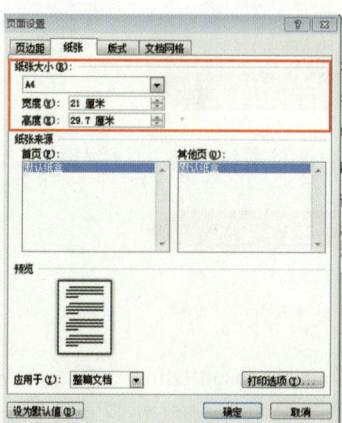

四、设置背景水印

在Word 2010文档中插入背景水印,如将"保密"作为水印的方法:
(1)在菜单"页面布局"中单击"水印",如图2-2-7所示。

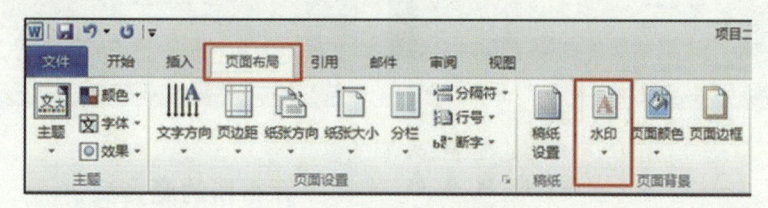

图2-2-7 单击"水印"按钮

(2)在弹出的"水印"对话框中单击"自定义水印",如图2-2-8所示。

(3)在弹出的"水印"对话框中,根据需要添加水印。如果是文字水印,则要输入相应的文字,设置字体,如图2-2-9所示。

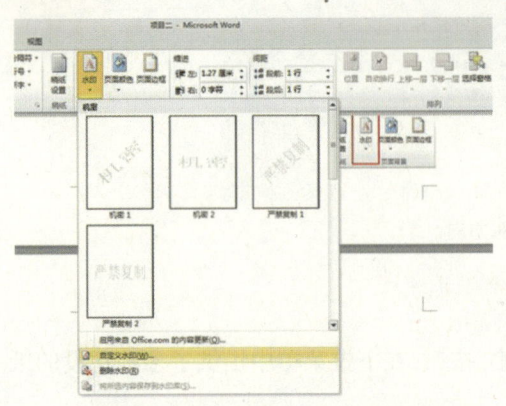

图 2-2-8　单击"自定义水印"按钮　　　　图 2-2-9　设置文字水印

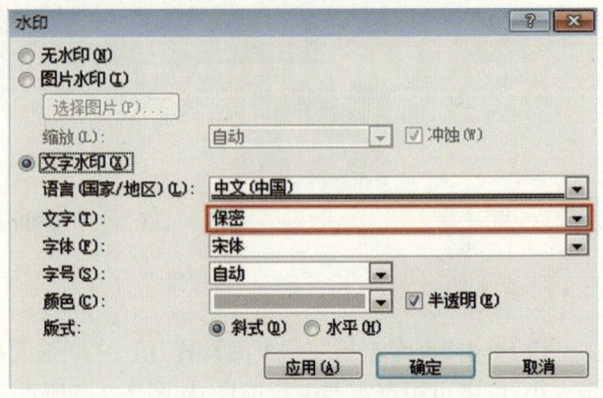

任务二　编辑文档

> **任务描述**

对素材短文进行编辑，突出标题，合理排版。

> **任务实施**

一、插入艺术字

Microsoft Office 中的艺术字结合了文本和图形的特点，能够使文本具有图形的某些属性，如设置旋转、三维、映像等效果，在 Word、Excel、Power Point 等 Microsoft Office 组件中都可以使用艺术字功能。插入艺术字的方法：

(1)打开 Word 2010 文档窗口，将插入点光标移动到准备插入艺术字的位置。单击"插入"→"艺术字"按钮，并在打开的艺术字预设样式面板中选择合适的艺术字样式，如图 2-2-10 所示。

(2)打开艺术字文字编辑框，直接输入艺术字文本即可。用户可以对输入的艺术字分别设置字体和字号，如图 2-2-11 所示。

图 2-2-10　艺术字下拉菜单　　　　图 2-2-11　编辑艺术字文本及格式

二、首字下沉

（1）首字下沉功能在排版的时候能给他人起到重要的提示作用，人们会因为首字下沉而关注你所写的文字，比如在编辑请柬、邀约的时候通常会使用首字下沉功能。

（2）首字下沉的步骤如图2-2-12、图2-2-13所示。

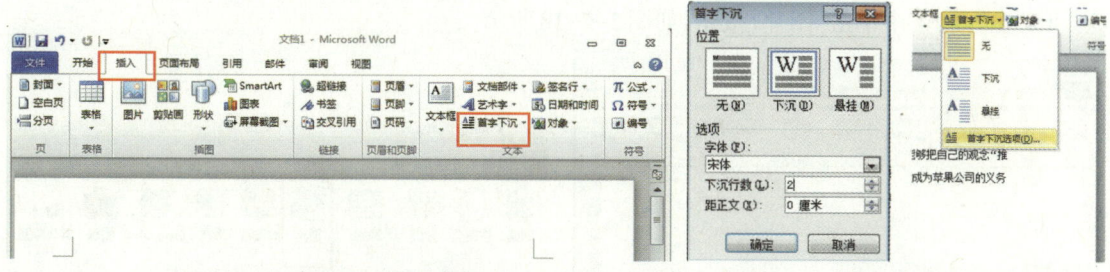

图2-2-12　单击"首字下沉"按钮　　　　图2-2-13　打开"首字下沉"选项

三、分栏

（1）在文档中，为了给文档进行排版，会对文档进行分栏。先选中想分栏的文字，再单击"页面布局"，如图2-2-14所示。

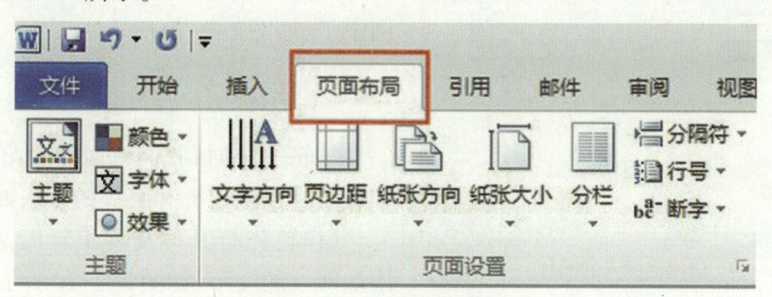

图2-2-14　单击"页面布局"

（2）单击"分栏"后面的倒三角形，然后再单击"更多分栏"，如图2-2-15所示。
（3）在分栏选项卡中的"栏数"中输入需要分栏的数目，在"应用于"中选择"所选文字"，然后单击"确定"，如图2-2-16所示。

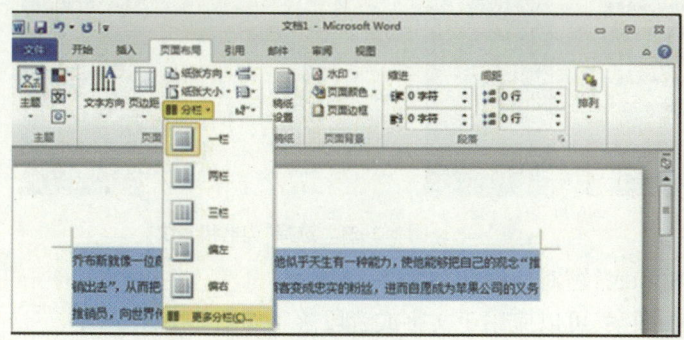

图2-2-15　单击"更多分栏"　　　　图2-2-16　设置"分栏"

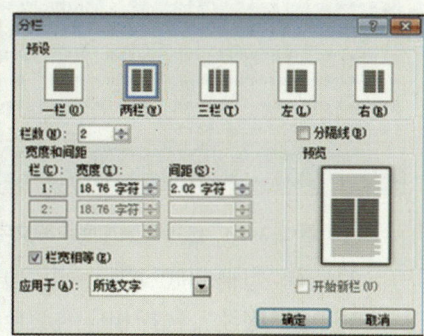

四、插入图片

在使用Word 2010编辑文档的过程中,为了文档的美观和完整,经常需要在文档中插入图片。插入图片的方法:

(1)打开Word 2010文档页面,单击"插入"菜单,如图2-2-17所示。

(2)在"插入"中单击"图片"按钮,如图2-2-18所示。

图2-2-17　单击"插入"

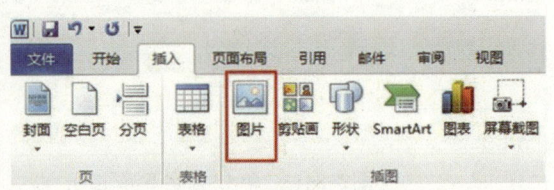

图2-2-18　单击"图片"按钮

(3)在"插入图片"对话框中查找到我们需要的图片,选中"模块三/项目二/教师素材/jobs.jpg"图片并单击"插入"按钮就能将其插入到当前文档中了,如图2-2-19所示。

五、边框和底纹

编辑文字时,我们有时需要给文字添加边框和底纹。设置边框和底纹的方法如下:

(1)首先打开你需要编辑的文档,选定你要添加底纹的文字,如图2-2-20所示。

图2-2-19　选择要插入的图片

(2)在"段落"中单击"边框"下的倒三角按钮,如图2-2-21所示。

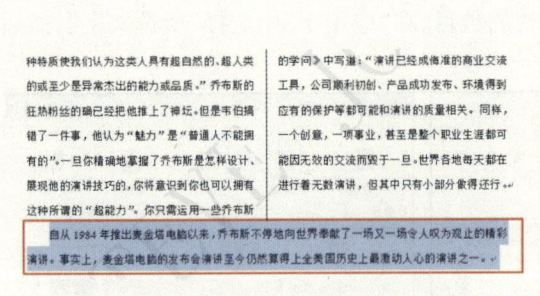

图2-2-20　选择要添加底纹的文字

图2-2-21　选择"边框和底纹"

(3)选择"边框和底纹"。弹出"边框和底纹"对话框如图2-2-22所示。

(4)单击"底纹",选择相应的颜色和图案,可以应用于文字或者段落。如图2-2-23所示。

模块二　中文Word 2010电子文档

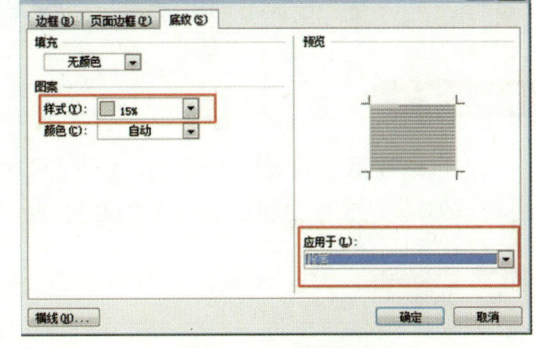

图2-2-22　"边框和底纹"对话框

图2-2-23　设置底纹

六、脚注和尾注

脚注和尾注共同的作用是对文字进行补充说明,在语文课本中,我们经常会看到页面底部或者文章末尾会有相应的脚注或尾注。在Word中,我们也可以很轻松地添加这些脚注、尾注。插入脚注、尾注的方法如下:

(1)将光标定位到需要插入脚注或尾注的位置,选择"引用",在"脚注"选项组中根据需要单击"插入脚注"或"插入尾注"按钮,这里我们单击"插入脚注"按钮,如图2-2-24所示。

(2)在刚才选定的位置上会出现一个上标的序号"1",在页面底端也会出现一个序号"1",且光标在序号"1"后闪烁,如图2-2-25所示。如果添加的是尾注,则是在文档末尾出现序号"1"。

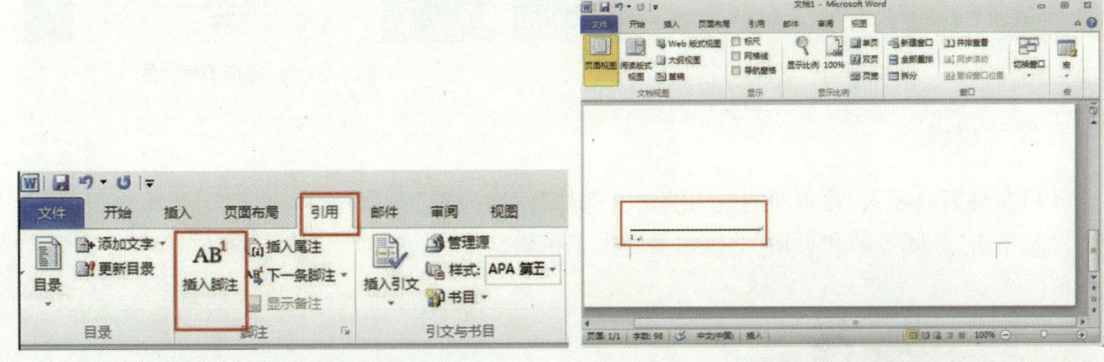

图2-2-24　选择"插入脚注"

图2-2-25　显示脚注

(3)现在,我们可以在页面底端的序号"1"后输入具体的脚注信息,这样我们的脚注就添加完成了。

如果想删除脚注或尾注,可以选中脚注或尾注在文档中的位置,即在文档中的序号,选中然后按键盘上的【Delete】键即可删除该脚注。

71

任务三　设置页眉与页脚

任务描述

我们可以在页眉和页脚中插入文本或者图形，这样就可以更加丰富页面的样式了。得体的页眉和页脚，会使文稿显得更加专业和规范，也会给阅读带来方便。

任务实施

一、文档添加页眉

（1）单击"插入"→"页眉和页脚"组→"页眉"，如图2-2-26所示。
（2）在页眉库中有很多的样式可供选择，如"传统型"。这样，所选页眉样式就被应用到文档中的每一页了，如图2-2-27所示。

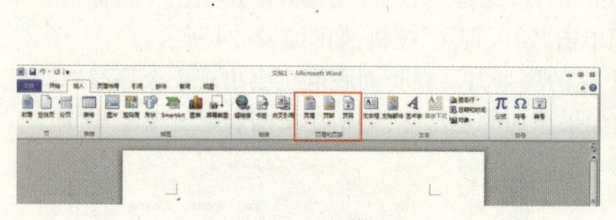

图2-2-26　选择页眉　　　　　　　　图2-2-27　选择页眉样式

二、参照样文编辑

（1）在页眉处输入"乔布斯的魅力演讲"，选择"两端分布"。
（2）单击"关闭页眉和页角"的按钮就退出了编辑。

项目小结

通过本项目的学习，小江掌握了Word文档的首字下沉、边框底纹、背景水印、页眉与页脚，以及脚注与尾注等的操作方法，并能使用这些技巧，对文档进行合理、美观的排版。

模块二　中文 Word 2010 电子文档

学以致用

使用"模块三/项目二/素材/学生素材"中的文字素材和图片,制作一份公司简报,要求如下:

(1)"公司简报"四个字用隶书,阴影(外部—向左偏移)、设置合适大小、居中。字体颜色为红色。

(2)编辑信息至少包含主办、协办、期数、主编、责任编辑,添加分割线。如图2-2-28所示。

(3)"公司简报"中插入"模块三/项目二/学生素材/签字仪式.jpg",位置适中。

(4)正文分为两栏格式,纸张大小为A4纸张。

图2-2-28　公司简报样图

修订版 计算机基础知识项目教程

项目三　规范的产品说明书

(1)学会文档的页面设置。
(2)能掌握目录生成的方法。
(3)学会文档页面布局。
(4)学会编号、大纲的设置。
(5)学会设置标题的级别,并为其添加多级编号。
(6)能够插入分页符、分节符,并制作封面。

学习目标

项目介绍

小江为了帮助他爸爸推销饮水机,让用户充分了解产品的特性,需要拟定一份产品说明书,效果如图2-3-1所示。

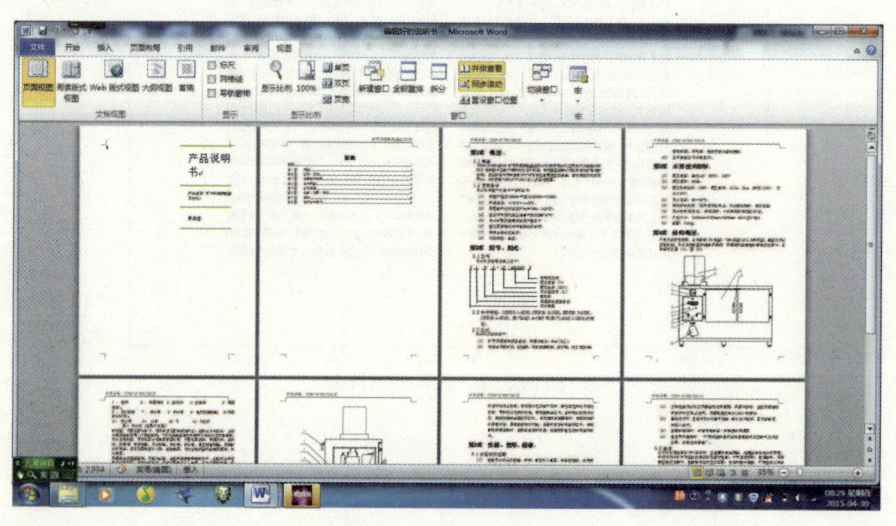

图2-3-1　说明书效果图

任务一　规划版面

任务描述

编辑文档，规划版面，包括纸张大小、页边距、装订线、纸张方向、版式、文档网格等。通过《产品说明书》示例掌握版面的规划。

具体要求如下：纸张大小，16开（18.4厘米×26.0厘米）；页边距，上3.7厘米、下3.5厘米、左2.5厘米、右2.5厘米；装订线，左边1厘米处；纸张方向，纵向；版式，奇偶页不同；文档网格，网格为"指定行和字符网格"，字符数为每行37，行数为每页37。

任务实施

一、页面设置打开

（1）打开Word文档。

（2）单击"页面布局"→"页面设置"，打开"页面设置对话框"，如图2-3-2所示。

图2-3-2　页面设置　　　　　　图2-3-3　纸张设置

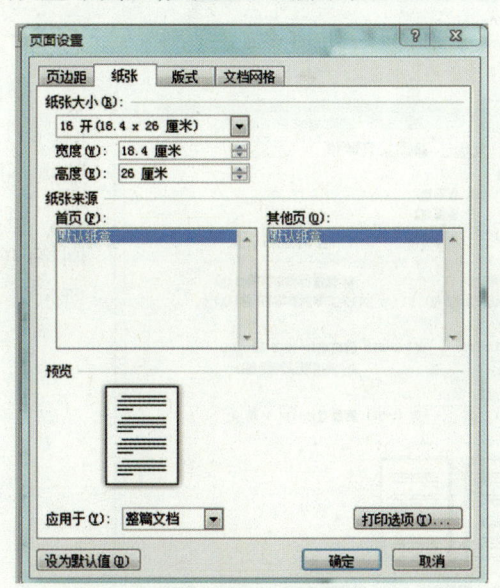

二、页面设置

（1）在"纸张"中，设置纸张大小为"16开(18.4厘米×26厘米)"，如图2-3-3所示。

（2）在"页边距"中，页边距设置为上3.7厘米、下3.5厘米、左2.5厘米、右2.5厘米，装订线为左边1厘米处，纸张方向为"纵向"，如图2-3-4所示。

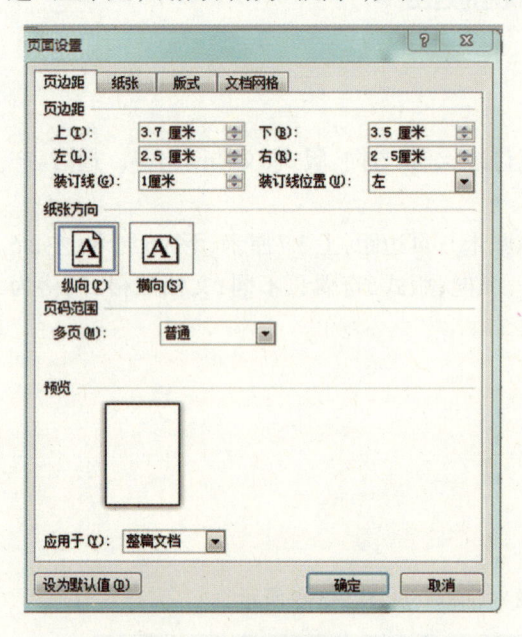

图2-3-4　页边距设置

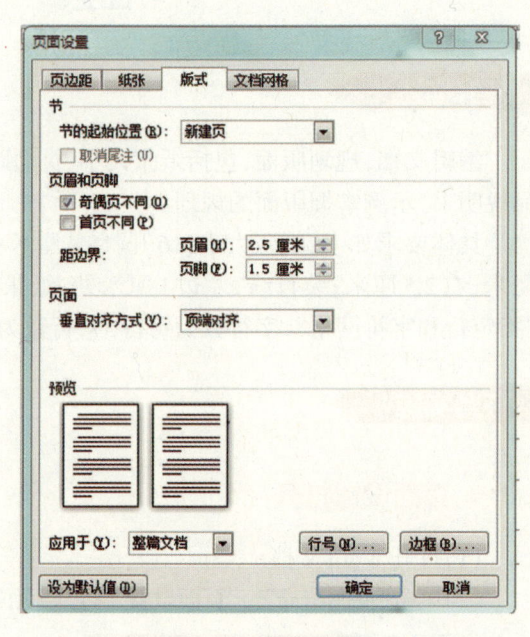

图2-3-5　版式设置

（3）在"版式"中，在"页眉和页脚"的"奇偶页不同"前打勾（因为我们要插入的页眉页脚奇数页和偶数页不同），如图2-3-5所示。

（4）在"文档网格"中，选定网格中"指定行和字符网格"项，字符数为每行37，行数为每页37，如图2-3-6所示。

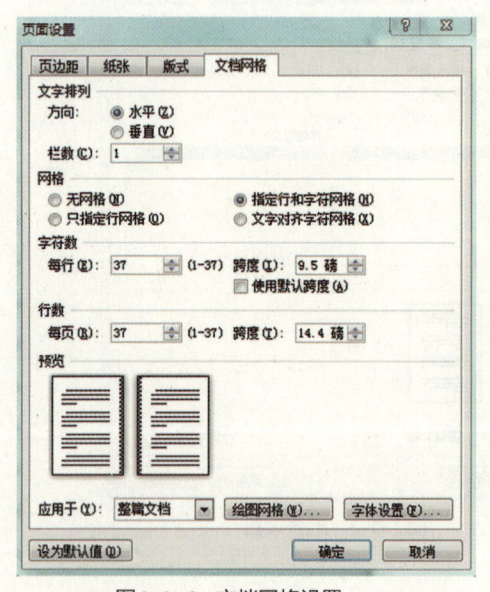

图2-3-6　文档网格设置

任务二　添加样式

任务描述

样式是美化文档的一种方式，分为一级标题、二级标题、三级标题、正文等。通过《产品说明书》示例，我们可以了解样式。具体要求如下：

(1) 新建"一级标题"样式，设置该样式基准为"正文"，字体格式为"宋体、小二、加粗、自动颜色"，段落格式为"段前5磅、段后5磅、大纲级别1级"，并将该样式应用于文档中所有红色字体相应的段落。

(2) 新建"二级标题"样式，设置该样式基准为"正文"，字体格式为"宋体、四号、自动颜色"，段落为"左侧缩进1字符、行距固定值20磅"，并将该样式应用于文档中所有绿色字体相应的段落。

(3) 新建"三级标题"样式，设置该样式基准为"正文"，字体格式为"宋体、小四、自动颜色"，段落格式为"左侧缩进2字符、行距固定值20磅"，并将该样式应用于文档中所有黄色字体相应的段落。

(4) 新建"样式1"样式，设置该样式基准为"正文"，字体格式为"宋体、小四号、自动颜色"，段落为"左侧缩进5.93厘米"，特殊格式为"首行缩进"，磅值为"2.33厘米"，行距为"最小值16磅"，将该样式应用于文档中所有紫色字体相应的段落。

(5) 新建"样式2"样式，设置该样式基准为"正文"，字体格式为"宋体、小四号、自动颜色"，且带有不连续的下划线，将该样式应用于文档中所有蓝色字体相应的段落。

(6) 将文档中样式为"正文"的样式应用到"文字"样式中。创建"文字"样式，字体格式"宋体、小四、自动颜色"，段落格式为"左侧缩进2字符、行距固定值20磅"，把该样式的字体格式设置为"小四"，并自动更新到文档中。

任务实施

一、新建"一级标题"样式

(1) 把插入点置于文档第一段即文字"概述"中。

(2) 在"开始"选项卡的"样式"组中，单击"样式"按钮，打开"样式"对话框；在"样式"对话框中，单击"新建样式"按钮，打开"根据格式设置创建新样式"对话框，如图2-3-7所示。

(3) 设置属性。名称为"一级标题"，样式基准为"正文"，字体格式设置为"宋体、小二、加粗、自动颜色"；单击"格式"→"段落"，设置间距为段前5磅，段后5磅，大纲级别为1级，如图2-3-8所示。

(4) 把插入点置于"型号、形式"段落中。

(5) 选择"样式"对话框列表里面的"一级标题"，应用该样式，这样"一级标题"样式格式就应用于"型号、形式"段落。

（6）用同样的方法将文档中的所有红色字体的段落应用"一级标题"样式格式。

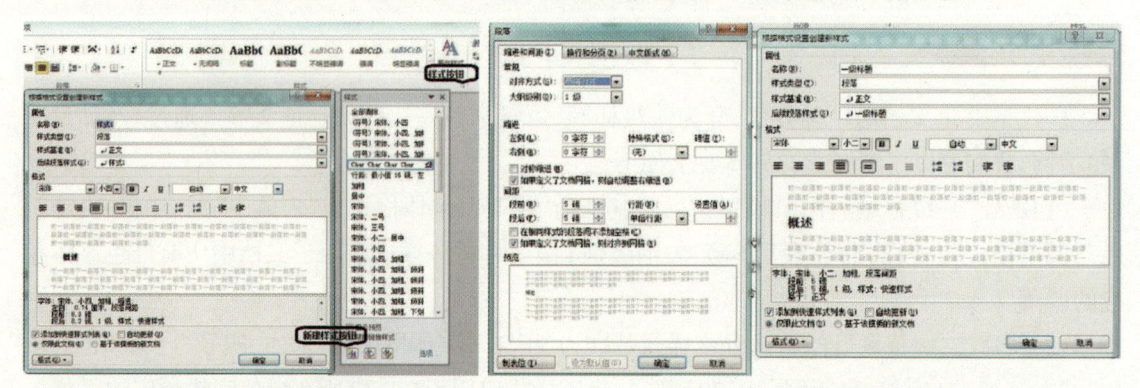

图2-3-7　根据格式设置创建新样式对话框　　　图2-3-8　新建"一级标题"样式

二、新建"二级标题"样式

（1）选中文档"用途"所在的段落，创建名称为"二级标题"的新样式，设置该样式基准为"正文"，字体格式为"宋体、四号、自动颜色"，段落为"左侧缩进1字符、行距固定值20磅"，如图2-3-9所示。

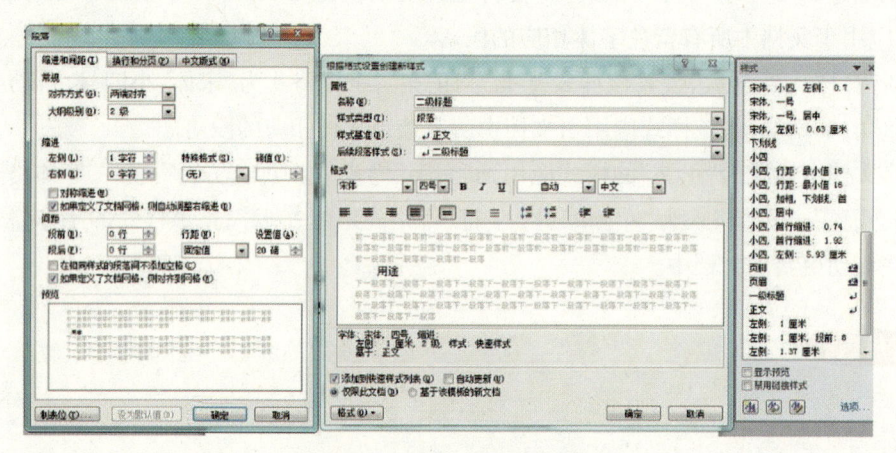

图2-3-9　新建"二级标题"样式

（2）选中文档中所有的绿色字体，选择"样式"对话框列表里面的"二级标题"，应用该样式，这样"二级标题"样式格式就应用于文档中所有绿色字体相应的段落了。

三、新建"三级标题"样式

（1）选择"开始"→"编辑"→"选择"→"选定所有格式类似的文本"，选中文档中所有黄色字体相应的段落。

（2）创建名称为"三级标题"的新样式，设置该样式基准为"正文"，字体格式为"宋体、小四、自动颜色",段落为"左侧缩进2字符、行距固定值20磅",创建完样式后应用在所有黄色字体相应的段落里面,如图2-3-10所示。

图2-3-10　新建"三级标题"样式　　　　　图2-3-11　新建样式1

四、新建"样式1"样式

(1)选中紫色文字相应的段落。

(2)创建名称为"样式1"的新样式,设置该样式基准为"正文",字体格式为"宋体、小四号、自动颜色",段落为"左侧缩进5.93厘米",特殊格式为"首行缩进"、磅值为"2.33厘米",行距为"最小值16磅",如图2-3-11所示。

五、新建"样式2"样式

(1)不连续地选中文档中的蓝色文字,创建名称为"样式2"的新样式,设置该样式基准为"正文",字体格式为"宋体、小四号、自动颜色",如图2-3-12所示。

(2)单击"确认",再单击工具栏的"添加下划线"按钮,完成"样式2"的设置,如图2-3-13所示。

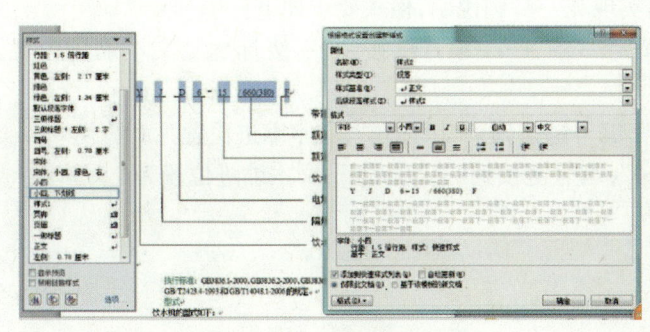

图2-3-12　新建样式2　　　　　图2-3-13　样式2设置

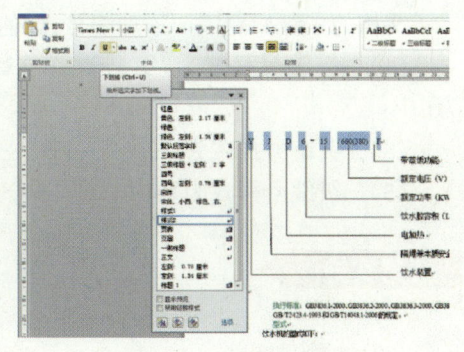

六、设置"文字"样式

(1)在"样式"对话框的"正文"样式下拉列表中,选中"选择所有61个实例"选项,选中所有正文样式,如图2-3-14所示。

(2)创建名称为"文字"的新样式,设置该样式基准为"正文",字体格式为"宋体、小四、自动颜色",并选择"自动更新"复选框,对齐方式为"两端对齐",段落为"左侧缩进2字符,行距固定值20磅",如图2-3-15所示。

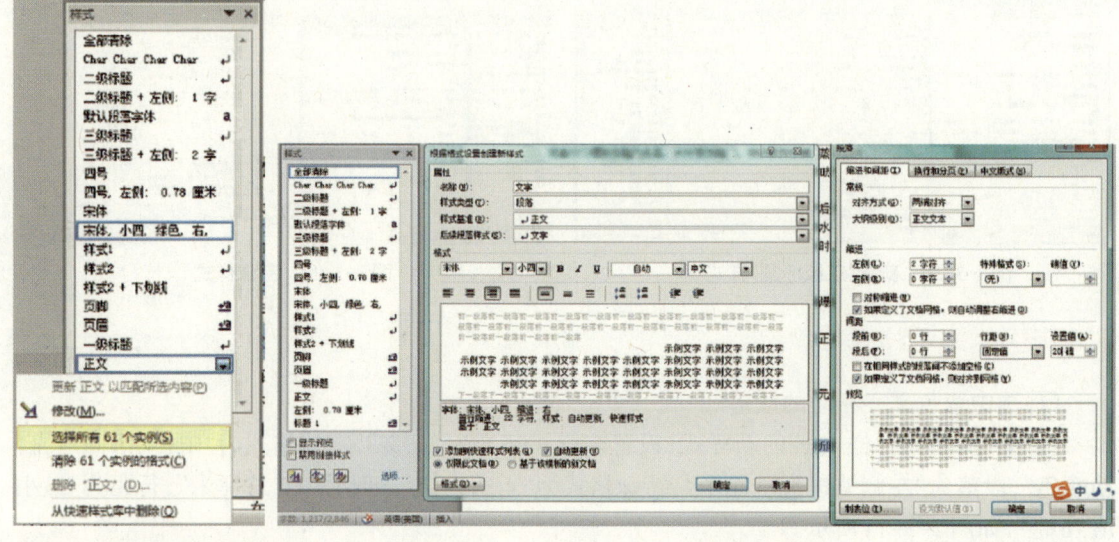

图2-3-14 新建文字样式

图2-3-15 设置文字样式

任务三 添加编号

任务描述

文档的三级标题需要添加编号,如何实现呢?举例说明,格式要求如下:

(1)一级编号样式为"第1章,第2章,第3章,…",编号链接到"一级标题",文本缩进位置为0。

(2)二级编号样式为"1.1,1.2,1.3,…",编号链接到"二级标题",文本缩进位置为1厘米。

(3)三级编号样式为"(1),(2),(3),…",编号链接到"三级标题",文本缩进位置为1.5厘米。

任务实施

一、一级编号设置

(1)单击"开始"→"段落"对话框显示按钮→"多级列表"→"定义新多级列表",打开"定义新多级列表"对话框,在"定义新多级列表"对话框中单击"更多"按钮,如图2-3-16所示。

(2)在"定义新多级列表"对话框的"单击要修改的级别"中选择"1",对一级标题进行设置,在"将级别链接到样式"中选择"一级标题","文本缩进位置"输入"0厘米",将"输入编号的格式"内容删除,输入"第章",把插入点放在"第"的后面,在"此级别的编号样式"中选择"1,2,3…",完成一级标题设置，如图2-3-17所示。

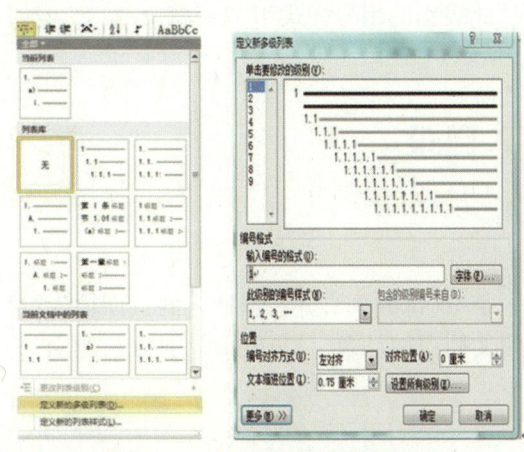

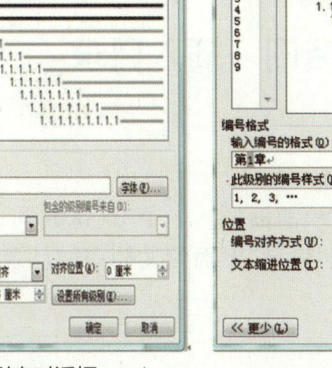

图2-3-16　定义新多级列表对话框

图2-3-17　一级编号设置

二、二级编号设置

（1）打开"定义新多级列表"对话框。

（2）在"定义新多级列表"对话框的"单击要修改的级别"中选择"2"，然后对二级标题进行设置。在"将级别链接到样式"中选择"二级标题"，"文本缩进位置"输入"1厘米"，将"输入编号的格式"内容删除，在"包含的级别编号来自"中选择"级别1"，在"输入编号的格式"中，在"1"的后面输入"."在"此级别的编号样式"中选择"1,2,3,…"，选中"正规形式编号"，使得编号的样式变为"1.1"，完成二级编号设置，如图2-3-18所示。

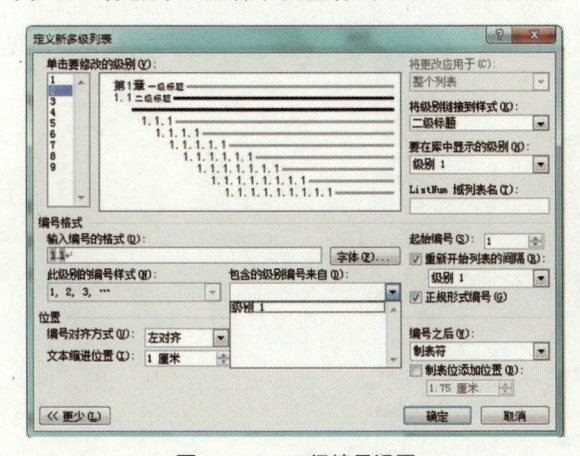

图2-3-18　二级编号设置

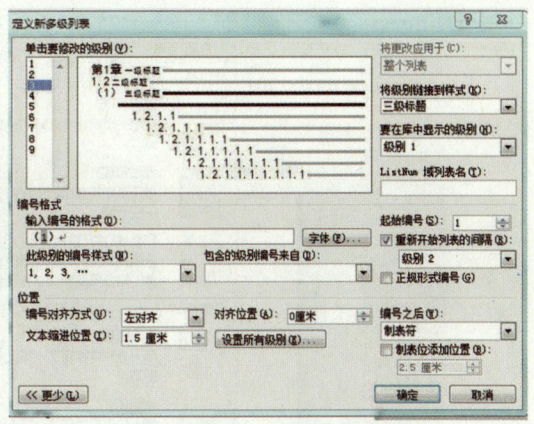

图2-3-19　三级编号设置

三、三级编号设置

（1）打开"定义多级列表"对话框。

（2）在"定义多级列表"对话框的"单击要修改的级别"中选择"3"，对三级标题进行设置，在

81

"将级别链接到样式"中选择"三级标题","文本缩进位置"输入"1.5厘米",将"输入编号的格式"内容删除,输入"( )",把插入点定位在"("的后面,在"此级别的编号样式"中选择"1,2,3,…",这时编号的样式为"(1)",完成三级编号的设置,如图2-3-19所示。

任务四　插入目录

任务描述

生成和编辑文档目录。例如,在文档前面插入一个节(奇数页),并在新插入的页面输入"目录",格式设置为"黑体、三号、居中",在"目录"下面为文档添加目录,目录显示级别为1,建立"一级标题"样式,其余设置默认。

任务实施

一、分节

(1)插入点定位在文档最前面,按"Enter"键,在"第1章"前面插入一个段落。

(2)插入点定位在"第一章 概述"所在段落。

(3)单击"页面布局"→"页面设置"组→"分隔符"→"分节符"→"奇数页",在文档的前面插入一个节。如图2-3-20所示。

(4)将插入点定位在空白页的段落标记前,输入"目录"字样,按"Enter"键,设置"目录"的格式为:黑体、三号、居中。

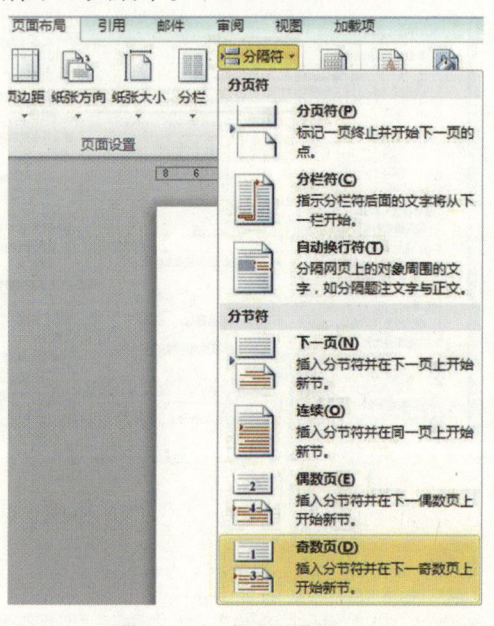

图2-3-20　插入分节符　　　　　　　　图2-3-21　插入目录

二、插入目录

（1）把插入点定位在"目录"下面段落的段落标记前。

（2）单击"引用"→"目录"→"插入目录"，打开"目录"对话框，如图2-3-21所示。

（3）在"目录"对话框中单击"选项"按钮，打开"目录选项"对话框，在"目录选项"中，仅留下"一级标题"，目录级别为1，其余目录均删除，单击"确定"，完成目录设置，如图2-3-22所示。

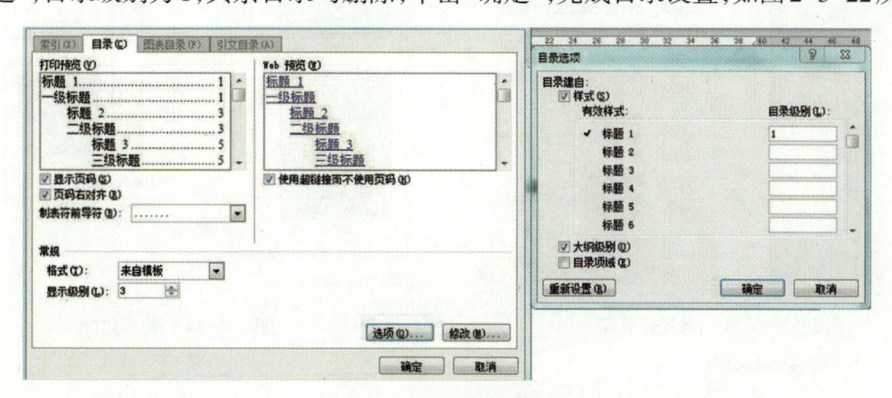

图2-3-22　目录设置

任务五　制作封面

任务描述

编辑文档封面。例如，在文档前面插入一个节（奇数页），并在新插入的页里面插入一个"堆积型"的封面。设置封面的标题为"产品说明书"，副标题为"产品名称：矿用隔爆兼本安型饮水机"，作者名称为"宗连超"。最后添加页眉页脚，完成整个文档的编辑。

任务实施

一、封面新建

（1）插入点定位在"目录"所在段落前面。

（2）单击"页面布局"→"页面设置"组→"分隔符"→"分节符"→"奇数页"，在文档目录的前面插入一个节，如图2-3-23所示。

二、封面设置

（1）插入点定位在文档第一页。

（2）单击"插入"→"封面"→"堆积型"，插入"堆积型"封面，如图2-3-24所示。

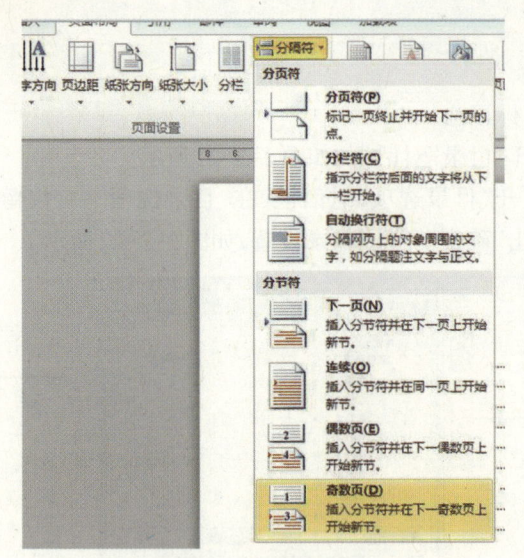

图 2-3-23　插入分节符　　　　　　　　图 2-3-24　插入封面

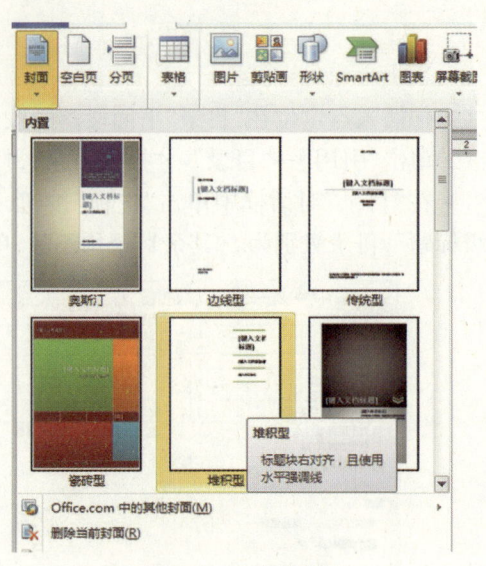

图 2-3-25　封面设置

三、封面文字

(1)封面标题输入为"产品说明书"。

(2)封面产品名称为"产品名称:矿用隔爆兼本安型饮水机",作者输入为"宗连超",删除其他文本框,完成封面设置,如图 2-3-25 所示。

项目小结

　　本项目主要介绍长文档排版中页面设置、样式设置、编号设置、目录设置、纸张设置、页眉页脚设置等知识。通过本项目的学习,小江熟悉了样式对话框、定义多级列表对话框、目录对话框、页眉页脚工具、页面布局的操作方法,并且掌握了长文档排版的步骤及方法。

学以致用

《基于单片机的直流稳压电源》是某学校老师写的一篇论文,需要为其排版,要求如下:

(1)规划版面。页边距,上下均为2.54厘米,左、右均为3.17厘米;装订线位置选左,0厘米;纸张方向为纵向;纸张大小为A4(21厘米×29.7厘米)。

(2)添加样式。

新建"标题1"样式,设置该样式基准为"正文",字体格式为"宋体、小三、加粗",字体颜色为"自动",左对齐,段前、段后格式均为1行,大纲级别:1级,首行缩进为2字符,行距为1.5倍行距,并将该样式应用于文档中的所有红色字体相应的段落。

新建"标题2"样式,设置该样式基准为"正文",字体格式为"宋体、四号、自动颜色",左对齐,段落为"左侧缩进2字符、行距固定值20磅",并将该样式应用于文档中所有绿色字体相应的段落。

新建"标题3"样式,设置该样式基准为"正文",字体格式为"宋体、五号、自动颜色",左对齐,段落格式为"左侧缩进2字符、行距固定值20磅",并将该样式应用于文档中所有紫色字体相应的段落。

(3)添加编号。一级编号样式为"1,2,3,…",编号链接到"标题1",文本缩进位置为0。

(4)插入目录。在文档前面插入一个节(奇数页),并在新插入的页输入"目录",格式设置为"黑体、小三号、居中",在目录下面为文档添加目录,目录显示级别为1,建立"标题1"样式,其余设置默认。

(5)插入封面。在文档前面插入一个节(奇数页),并在新插入的页里面插入一个"堆积型"的封面。设置封面的标题为"基于单片机的直流稳压电源",无副标题,作者名称为"许磊"。

(6)插入页眉页脚。封面没有页眉页脚,目录和正文的页眉奇数页为"基于单片机的直流稳压电源",右对齐;偶数页为"基于单片机的直流稳压电源",左对齐。

项目四　精美的电子贺卡

(1) 会使用"页面设置"进行纸张大小、页边距、纸张方向、分隔符的设置。
(2) 学会艺术字、文本框、形状、剪贴画、图片等对象的基本操作方法。
(3) 会设置图文对象的格式和效果,包括裁剪、大小、对齐、文字环绕、填充、轮廓等。

项目介绍

贺卡常用于表达心意和互致问候,它具有温馨的语言、浓郁的色彩、传统的韵味。在传递祝福的同时,又能表现个性特色。对于有收藏爱好的人来说,它是甜蜜的回忆、时光的留影。商场里漂亮精美的贺卡价钱并不便宜,送礼物主要是心意,小江想感谢老师的教育之恩,准备制作一张电子贺卡送给老师。贺卡效果如图2-4-1和图2-4-2所示。

图2-4-1　电子贺卡正面样图

图2-4-2　电子贺卡反面样图

任务一　新建贺卡

任务描述

新建 Word 文档，并设置贺卡的页面布局。

任务实施

一、新建文档

（1）打开 Word 文档。
（2）单击"页面布局"→"纸张大小"→"Post Card（10厘米×14.8厘米）"。

二、文档格式设置

（1）单击"页面布局"→"页面设置"组→"页边距"。
（2）文档边距上下左右设置为 0.4 厘米，"纸张方向"为横向，如图 2-4-3 所示。

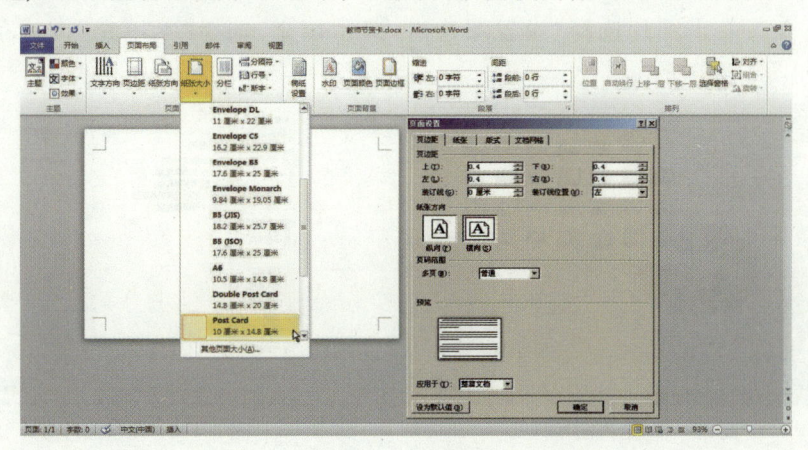

图 2-4-3　页面设置

任务二　插入图片和形状

任务描述

插入一张素材图片,用来表达贺卡主题和美化页面;插入形状,填充不同的颜色与图片和文字搭配。

任务实施

图2-4-4　插入图片

一、插入"蜡烛"素材图片

(1)单击"插入"→"图片"。

(2)选中素材图片后单击"插入"按钮,如图2-4-4所示。

二、调整图片格式

(1)单击图片出现"格式",图片样式选择"柔化边缘椭圆"按钮进行设置,如图2-4-5所示。

(2)右击图片选择"大小和位置",通过"文字环绕"→"环绕方式"设置图片的环绕方式为"衬于文字下方";右击图片选择"设置图片格式","填充"选择"无填充","线条颜色"选择"无线条"。如图2-4-6所示。

图2-4-5　选择图片样式

图2-4-6　调整图片格式

三、插入形状和剪贴画

(1)单击"插入"→"插图"组→"形状"→"矩形",在页面中拖一个矩形,设置大小为高10厘米、宽14.8厘米,如图2-4-7所示。

(2)将"排列"组中的"对齐"项选择"左右居中"和"上下居中","自动换行"下选择"衬于文字下方"。

(3)将"形状样式"组中的"形状轮廓"项设置为"无轮廓","形状填充"选择"渐变",设置为从白色到橙色的渐变色,如图2-4-8所示,右击该图形,在快捷菜单中选择"置于底层"。

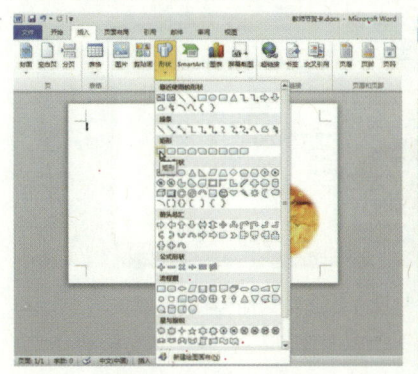

图2-4-7 插入图形　　　　　　　　　图2-4-8 设置图形格式

任务三　插入艺术字

任务描述

为了突出贺卡的文字,可使用艺术字来烘托效果。比如,单击"插入"→"文本"组→"艺术字",选择艺术字库中的第2行第3列样式。输入艺术字内容"感",字体大小自定义为100,在"格式"下"艺术字样式"组中设置"文本填充"为"茶色","文本轮廓"设置为"无轮廓"。艺术字大小为高度3.3厘米、宽度为4.1厘米,并将艺术字拖到样文中的位置。

任务实施

一、插入艺术字

(1)单击"插入"→"文本"组→"艺术字"。

(2)选择艺术字库中的第2行第3列样式,如图2-4-9所示。

二、设置艺术字样式

图2-4-9 插入艺术字

(1)输入艺术字内容"感",字体大小自定义为100,把艺术字移动到左上角,在"格式"下"艺术字样式"组中设置"文本填充"为"茶色","文本轮廓"设置为"无轮廓",如图2-4-10所示。

(2)单击"艺术字样式"的右下角箭头按钮,出现"设置文本效果格式",将"文本填充"项中的透明度设置为"50%",如图2-4-11所示。

图2-4-10　艺术字颜色设置

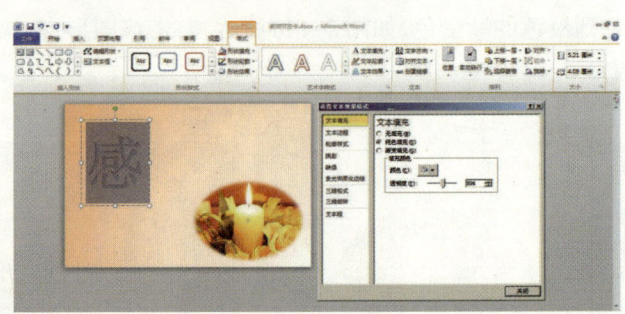

图2-4-11　艺术字透明度设置

三、艺术字形状

图2-4-12　艺术字形状设置

(1)用上述方法再插入两个艺术字,内容分别为"因"和"心",设置颜色分别为"黑色,文字1"和"红色"。

(2)双击艺术字,在"格式"下"艺术字样式"组中"文本效果"单击"转换",选择形状为"正方形",如图2-4-12所示。

(3)最后调整艺术字大小,上下组合成"恩"字,按住【Shift】键同时选中两个艺术字,右击打开快捷菜单选择"组合"命令,并移动艺术字到页面中部。

任务四　插入文本框

任务描述

Word中的文本框是指一种可移动、可调大小的文字或图形容器。使用文本框,可以在一页上放置数个文字块,或使文字按与文档中其他文字不同的方向排列。

任务实施

一、插入文本框

(1)单击"插入"→"文本"组→"文本框",选择"简单文本框",输入文字内容"教师节快乐",字体设置为"宋体、五号、加粗"。

模块二　中文 Word 2010 电子文档

(2)用相同的方法再插入两个文本框,分别输入内容"存感激……"和"为有你……"。如图2-4-13所示。

二、设置文本框格式

(1)双击第二个文本框,设置文本框大小,高为0.8厘米、宽为3.6厘米,"形状填充"和"形状轮廓"都设置为"无",选中文字设置为"分散对齐",如图2-4-14所示。

图2-4-13　插入文本框

(2)双击第三个文本框,设置文本框大小,高为3.4厘米、宽为0.9厘米,"形状填充"和"形状轮廓"都设置为"无","文字方向"为"垂直","对齐文本"为"居中",选中文字设置为"分散对齐",如图2-4-15所示。

图2-4-14　文本框轮廓　　　　　　图2-4-15　文本框文字方向

(3)最后拖动文本框位置,把"为有你……"与艺术字"恩"的上部对齐,把"存感激……"与艺术字"恩"的下部对齐。

项目小结

通过本项目的学习,小江掌握了图片、形状、艺术字、文本框的基本操作方法,图片包括边框、环绕方式、效果等,文本框包括填充、轮廓、文字方向、对齐等内容。

修订版 计算机基础知识项目教程

学以致用

(1) 通过对图片、形状、文本框等对象的插入与格式设置，按照图2-4-2制作贺卡反面。

(2) 制作贺卡，如图2-4-16、图2-4-17、图2-4-18所示。

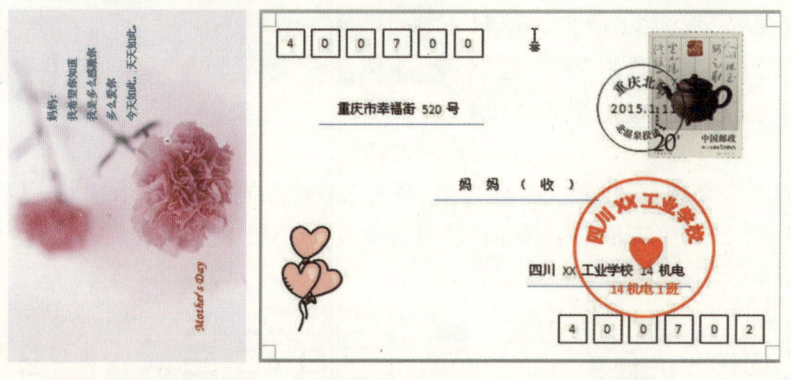

图2-4-16　贺卡1

图2-4-17　贺卡2

图2-4-18　贺卡3

92

项目五　快捷的成绩报告单

学习目标

(1) 会使用表格的插入、编辑和计算操作。
(2) 会邮件合并，轻松统计、编辑数据。
(3) 能运用表格的基本编辑功能，对所需表格进行制作。

项目介绍

每学期，小江的班主任都为统计学生的成绩而烦恼，如总分的计算、名次的排列，成绩报告单的制作。Word 2010 具有强大的表格处理功能，并且能批量制作成绩报告单，如图 2-5-1、图 2-5-2 所示。小江同学为了帮助班主任排忧解难，想通过自己的勤奋学习来实现成绩单的制作。

2014年XX班学生成绩表

姓名	语文	数学	英语	计算机	体育	总分	名次
胡凯	87	78	70	90	98	423	3
徐翔	82	97	83	73	92	427	2
刘龙	75	68	81	89	95	408	4
浪虹	91	83	93	99	97	463	1
张云	69	79	77	85	90	400	5

图 2-5-1　2014年XX班学生成绩表

图2-5-2 成绩报告单

项目任务

任务一 插入表格

任务描述

在Word 2010中分别使用三种方法插入一个5列6行的表格。

任务实施

一、插入表格的方法

单击"插入"→"表格"按钮,在弹出的下拉列表中,按照下列三种操作之一插入表格:
(1)在网格上滑动鼠标,单击鼠标时即可插入对应列数和行数的表格。
(2)单击"插入表格…"命令,在弹出的"插入表格"对话框中设置好列数和行数,单击"确定"即可。
(3)单击"绘制表格"命令,绘制出表格。

二、练习操作

使用三种方法,插入一个5列6行的表格,如图2-5-3所示。
(1)在网格上滑动鼠标。
(2)单击"插入表格…"命令。

(3)单击"绘制表格"命令。

图2-5-3 5列6行表格

任务二　编辑表格

任务描述

在 Word 2010 中使用对表格的多种编辑操作,如定位单元格,输入文本,选定、插入、删除单元格、行、列,合并、拆分单元格,调整行高、列宽,设置边框、底纹、单元格对齐方式、计算等,完成"2014年XX班学生成绩表"的编辑制作。

任务实施

一、定位单元格

(1)表格是以单元格为基本单位输入内容。

(2)在输入之前,要先把插入点移到该单元格中,可以用鼠标单击单元格或用键盘方向键移动插入点。

二、输入文本

(1)将插入点移入单元格后,就可以输入文本。输入的文本到达单元格右侧框线时会自动换行,行高自动加大以容纳更多的内容。输入时,按回车键,可以另起一段。

(2)单元格中还可以插入其他对象,如图片、形状、艺术字、表格等。

三、选定单元格、列、行、表格

使用下列方法,可以实现对单元格、列、行、表格的选定。

1.使用"选择"命令

将插入点置于表格中,右击鼠标,在弹出的快捷菜单中单击"选择"命令,单击其相应子菜单命令,可以选定插入点所在的单元格、列、行、表格。

2.使用"选择"按钮

将插入点置于表格中,单击"布局"→"选择"按钮,在下拉列表中选择相应选项,可以选定插入点所在的单元格、列、行、表格。

3.利用鼠标选择

可以利用鼠标对单元格、列、行、表格等进行选择,具体操作比较简单,拖动鼠标选定相应的内容即可,详细步骤略。

四、插入单元格、列、行

使用下列方法,可以在表格中插入单元格、列、行。

1.使用"插入"命令

将插入点置于表格中,右击鼠标,在弹出的快捷菜单中单击"插入"命令,单击其相应子菜单命令,可以插入单元格、列、行。

2.使用按钮

将插入点置于表格中,单击"布局"→"行和列"→"在上方插入"按钮,如图2-5-4所示,可以插入行、列。此外,可以单击"行和列"按钮,弹出"插入单元格"对话框,进行单元格、行、列的插入。

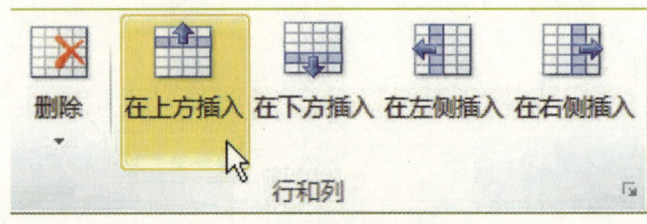

图2-5-4 "行和列"组的按钮

五、删除单元格、列、行、表格

1.使用"删除"命令

选定需要删除的单元格、列、行或表格,右击鼠标,在弹出的快捷菜单中单击相应的删除命令即可。

2.使用"删除"按钮

将插入点置于表格中,单击"布局"→"行和列"→"删除"按钮,在弹出的下拉列表中选择相应选项,就可以删除插入点所在的单元格、列、行或表格。

六、合并与拆分单元格

（1）选中要合并的多个单元格，单击"布局"→"合并"组→"合并单元格"按钮，可以将多个单元格合并为一个单元格。

（2）选中要拆分的单元格，单击"布局"→"合并"组→"拆分单元格"按钮，弹出"拆分单元格"对话框，设置拆分后的列数和行数，单击"确定"即可。

七、调整行高与列宽

1.采用鼠标拖动实现粗略调整

将鼠标光标移动到表格某一行下方的水平框线上，当光标变成"⇕"形状时，上下拖动鼠标，此时会出现一条水平的虚线标明行高的位置，释放鼠标即可完成行高的调整。

同样，将鼠标光标移动到表格某一列右侧的垂直框线上，当光标变成"⇔"形状时，左右拖动鼠标，即可完成列宽的调整。

2.使用按钮实现精确调整

选中需要调整的行或列，或者将插入点置于行、列中任意一个单元格，单击"布局"→"单元格大小"组→"高度"和"宽度"按钮，如图2-5-5所示，输入值，完成行高与列宽的精确调整。

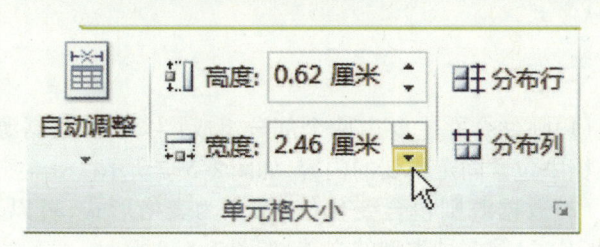

图2-5-5　使用"单元格大小"组的按钮调整　　　图2-5-6　边框和底纹的设置

八、设置边框、底纹及单元格对齐方式

对表格进行边框和底纹设置，可以使表格更加美观。

（1）选中整个表格，单击"布局"→"表"组→"属性"按钮，弹出"表格属性"。

（2）单击"表格"→"边框和底纹"按钮，弹出"边框和底纹"对话框，完成边框、底纹的设置，如图2-5-6所示。

（3）设置单元格对齐方式，可以调整单元格内的文本相对于单元格四周边框的位置关系。选中需要设置的单元格，单击"布局"→"对齐方式"组，单击相应的对齐方式按钮。

九、计算

Word 2010中提供的表格计算功能，可以对表格中的数据执行一些简单的运算，如求和、求平均值等。

1. 求和

将插入点置于要放置计算结果的单元格中,单击"布局"→"数据"组→"公式"按钮,弹出"公式"对话框,该对话框中,"公式"文本框用于设置计算所用的公式,"编号格式"下拉列表框用于设置计算结果的数字格式,"粘贴函数"下拉列表框中列出了 Word 2010 中提供的函数。在"公式"文本框中输入"=SUM(LEFT)",即表示对左边各单元格中的数据求和。单击"确定"按钮,便可计算出结果。其中 SUM 函数也可从"粘贴函数"下拉列表框中选择。

2. 求平均值

同上,在"公式"文本框中输入"=AVERAGE(ABOVE)",表示对上边各单元格中的数据求平均值。

任务三　使用邮件合并

任务描述

根据成绩报告单主文档和学生成绩表,通过邮件合并批量生成所有学生的成绩报告单。

任务实施

一、分析邮件合并

图 2-5-7　成绩报告单主文档

（1）邮件合并主要由两个部分组成:主文档、数据源。主文档中包含固定不变的内容,如图 2-5-7 所示。

（2）数据源则包含变化信息,多为表格形式,可以是 Word、Excel 等多种类型的文档,如图 2-5-8 所示。

（3）使用邮件合并功能,就是在主文档中插入数据源中的变化信息,合成为同样格式的批量的文档,如图 2-5-2 所示。

姓名	语文	数学	英语	计算机	体育	总分	名次
胡凯	87	78	70	90	98	423	3
徐翔	82	97	83	73	92	427	2
刘龙	75	68	81	89	95	408	4
浪虹	91	83	93	99	97	463	1
张云	69	79	77	85	90	400	5

图 2-5-8　学生成绩表

二、使用邮件合并

(1)把所有学生的成绩单独建立一个数据文件"学生成绩表.docx"。

(2)制作"成绩报告单主文档.docx",把学生姓名、各科成绩、总分、名次等有变化的地方先空出来,用形状工具和艺术字制作学校印章。

(3)在成绩报告单主文档中,单击"邮件"→"开始邮件合并"→"开始邮件合并"按钮,在下拉列表中选择"信函",如图2-5-9所示。

(4)单击"邮件"→"开始邮件合并"→"选择收件人"按钮,在下拉列表中选择"使用现有列表…",弹出"选取数据源"对话框,选择已经建好的数据源"学生成绩表.docx"。

(5)将插入点定位到"姓名"二字冒号的右侧,单击"插入合并域"按钮,从下列列表中选择要插入的域——"姓名",效果如图2-5-10所示,并对各科成绩、总分、名次插入对应的域。

图2-5-9 "开始邮件合并"按钮及下拉列表　　图2-5-10 插入的"姓名"域

(6)单击"完成"→"完成并合并"按钮,选择"编辑单个文档…",弹出"合并到新文档"对话框,选择"全部"即可,Word将根据设置自动合并文档,并将全部记录存放到一个新文档中,如图2-5-2所示,保存该文档为"成绩报告单.docx"。

项目小结

通过本项目的学习,小江掌握了表格的基本操作方法,表格的字体、字号、边框、底纹等的设置,能够利用公式计算总分、平均分,理解了邮件合并的意义,学会了邮件合并的方法。

学以致用

1. 制作婚礼请柬

根据请柬主文档和宾客名单,如图2-5-11、图2-5-12所示,使用邮件合并为所有受邀宾客批量制作请柬,如图2-5-13所示。

图2-5-11　请柬主文档

图2-5-12　宾客名单

图2-5-13　合成后的请柬

操作要求：创建数据源文件"宾客名单.docx"；制作"请柬主文档.docx"；进行邮件合并，批量生成请柬，新生成的文件保存为"请柬.docx"。

2. 制作工资单

请你根据如图2-5-14所示的工资表，帮助财务处的老师编制工资单主文档，如图2-5-15所示，通过邮件合并生成所有职工的工资单，要求在一页纸上放置多个职工的工资单。

职工号	姓名	部门名称	住房补助	交通补助	基本工资	扣除工资	实发工资
001	李艳斌	党政办	175	50	2260	80	2405
002	王 勇	党政办	150	50	2280	90	2390
003	邱小歌	人事科	125	50	2270	80	2365
004	俞桂甄	招生办	86	50	2260	90	2306
005	武霄云	招生办	78	50	2260	75	2313
006	刘文菊	学生科	90	50	2240	85	2295
007	赵周敏	学生科	180	50	2230	80	2380
008	辛 凯	学生科	150	50	2222	90	2332
009	卫 青	教务科	160	50	1280	95	1395
010	冯玉峰	财务科	140	50	2270	75	2385

图2-5-14 工资表

职工号	姓名	部门名称	住房补助	交通补助	基本工资	扣除工资	实发工资

图2-5-15 工资单主文档

提示

邮件合并时，选择"目录"作为主文档的类型。

模块三

中文 Excel 2010 电子表格

Excel 是一款电子表格软件，它可以进行各种数据的处理、统计分析和辅助决策操作，广泛应用于会计、统计、财经、金融、管理等众多领域。现在，让我们进入 Excel 2010 来体验它神奇的魅力吧。

项目一　漂亮的课程表

学习目标

（1）能说出工作簿、工作表、单元格间的关系。
（2）会创建、保存、关闭 Excel 工作簿。
（3）会输入、编辑、格式化表格中的数据。
（4）能进行页面设置及打印设置。

项目介绍

小江开始学习 Excel 2010 软件了，那么就从班上的课程表开始吧。每学期开学伊始，课程表成为同学们关心的焦点，课程表是同学们随时了解课程安排情况，有效安排好自己学习和生活的好帮手，课程表效果如图3-1-1所示。

课程表

班级：					
星期 节次	星期一	星期二	星期三	星期四	星期五
1	班会	英语	语文	数学	计算机基础
2					
3	语文	体育	英语	语文	数学
4					
5	数学	计算机基础	德育	体育	英语
6					

图3-1-1　课程表效果图

模块三　中文 Excel 2010 电子表格

项目任务

任务一　认识 Excel 2010 电子表格

任务描述

熟悉 Excel 2010 操作界面，认识工作簿、工作表、单元格。

任务实施

一、认识 Excel 操作界面

（1）打开 Excel 2010 后，会看到如图 3-1-2 所示的界面。

（2）工作表。Excel 2010 的工作区域是由行和列组成的一张表格。行用数字标识，列用大写英文字母标识。行与列交叉形成的方格称为单元格，表中的每个单元格都有一个唯一的名称，称为单元格地址。由单元格所在的行号和列号共同命名。如 A1，表示的是处于 A 列第 1 行的单元格。

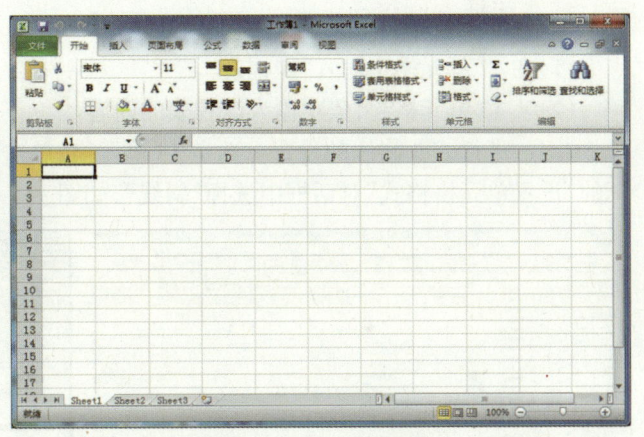

图 3-1-2　Excel 2010 窗口

知识窗

（1）工作簿是在 Excel 电子表格中用来存储并处理数据的文件，其扩展名是.xlsx。

（2）工作表是用于存储和处理数据的表格页，它构成了工作簿文件，在一个工作簿文件中可有多个工作表，系统默认一个工作簿中有 3 个工作表，位于窗口左下角的工作表标签显示了工作表的名称。

任务二　制作课程表

任务描述

绘制斜线表头，认识填充柄的功效并利用填充柄进行数据的复制填充及序列填充、合并单元格。

任务实施

一、创建一个Excel文件

（1）单击"开始"→"Excel 2010"。
（2）等待启动Excel 2010，默认一个名为"工作簿1"的Excel文件。

二、录入课程表内容

（1）在A1单元格中输入"课程表"。
（2）从A2单元格起，依次输入课程表的内容。

首先，进行表头斜线的设置。选定A3单元格，单击"开始"→选择"边框"→"其他边框"，在打开的"设置单元格格式"对话框中选择"斜线"，如图3-1-3、图3-1-4所示。

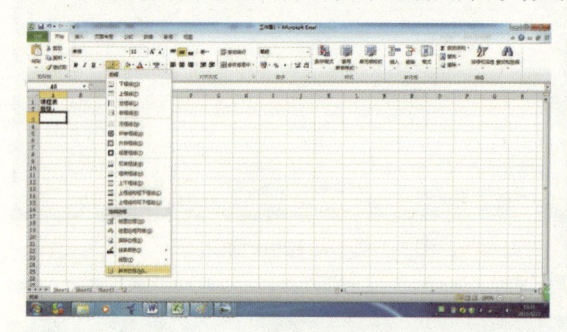

图3-1-3　选择"边框"　　　　图3-1-4　选择"斜线"

然后，进行快速录入。在A4单元格输入"1"，A5单元格输入"2"，选中A4、A5单元格，当光标指向单元格右下角的黑色小方块即该单元格的填充柄时，光标的形状会变成黑色十字状，拖动鼠标可实现数据的自动填充。

最后，在B3单元格中输入"星期一"，将光标置于B3单元格右下角的填充柄，拖动至F7单元格，即可实现表头内容"星期一"至"星期五"的快速录入。

三、合并单元格

（1）选中需合并的单元格。
（2）单击"开始"→"合并后居中"按钮，即可将所选定的单元格合并为一个单元格，如图3-1-5

所示。

图 3-1-5　合并单元格

任务三　美化课程表

> 任务描述

设置文字在表格中的对齐方式；选择文字的字体、字形、字号、颜色；添加表格的边框、填充表格的底纹。

> 任务实施

一、添加边框线

（1）选中"B1:G9"单元格区域。
（2）单击"开始"→"边框"按钮旁的小三角符号，在打开的下拉菜单中选择"所有框线"，则课程表区域添加上了表格线，如图 3-1-6 所示。

二、设置标题字"跨列居中"

（1）选定"B1:G1"单元格。
（2）选择"开始"菜单→单击"对齐方式"组右下角的小箭头→在打开的"设置单元格格式"对话框中，选择"水平对齐"选项中的"跨列居中"，则标题"课程表"被设置在表的正中位置，如图 3-1-7 所示。

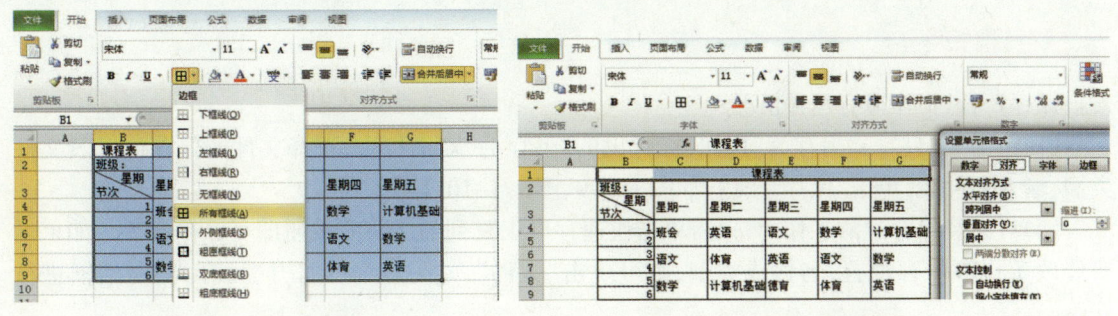

图 3-1-6　添加边框线　　　　　　　　图 3-1-7　跨列居中

107

三、设置字体、字形、字号、字的颜色

（1）选中设置单元格。

（2）字体、字形、字号、字的颜色及单元格的填充色均可使用"开始"菜单中的相应的按钮来选择自己需要的选项，如图3-1-8所示。

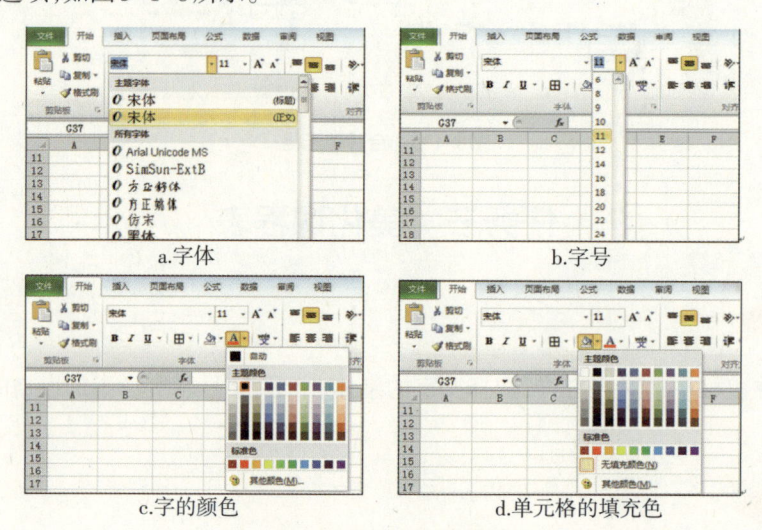

a.字体　　　　　　　　　　b.字号

c.字的颜色　　　　　　　　d.单元格的填充色

图3-1-8　字符的设置

任务四　保存及打印课程表

> 任务描述

指定保存文档的路径、给保存文档命名、选择保存文档的类型；页面设置、预览文档、打印文档。

> 任务实施

一、保存课程表

保存Excel工作簿有两种情况：

（1）单击"文件"→"另存为"按钮，在弹出的"另存为"对话框中，选择文件的保存位置及文件类型、输入文件名，单击"保存"按钮，如图3-1-9、图3-1-10所示。

（2）对已经保存过的工作簿，只需单击快速存取工具列的"保存"按钮即可保存修改。如果需要修改工作簿保存位置、名称或类型，则可单击"文件"→"另存为"，打开"另存为"对话框进行修改。

模块三　中文 Excel 2010 电子表格

图 3-1-9　单击"文件"

图 3-1-10　选择"另存为"保存文档

二、打印课程表

（1）单击"页面布局"→"页面设置"组，进行页边距、纸张方向、纸张大小、打印区域等设置，如图 3-1-11 所示。

（2）"打印预览"命令可以观看工作表打印出来的样子，若有不合适的地方，可进行修改，获得最佳打印效果。

（3）打印课程表。单击"文件"→"打印"，在如图 3-1-12 所示的页面上可选择打印的各种选项并执行打印。

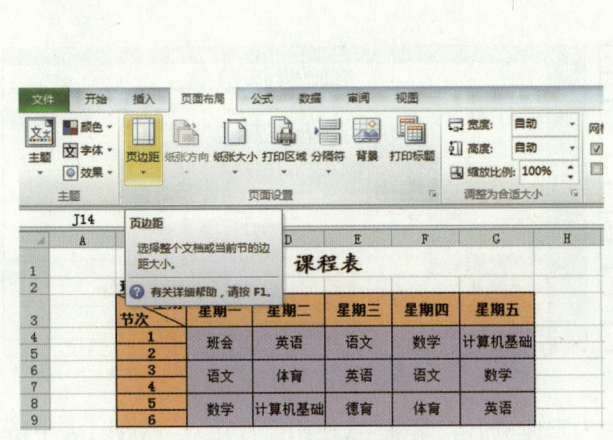

图 3-1-11　页面设置组

图 3-1-12　打印文档

109

项目小结

通过本项目的学习，小江熟悉了 Excel 2010 操作界面，会创建、保存 Excel 2010 文档；会在表格中进行数据的简单录入；会使用填充柄；会设置表格边框线、底纹；会对表格内的文本进行对齐方式、字符的基本设置；学会对表格进行页面设置及打印。

学以致用

（1）制作值班表。注意观察表中信息的规律，使用简便快捷的方式录入图 3-1-13 所示的表中内容。

（2）由于工作的需要，企业常常要派员工出差，不同的企业会根据其自身的实际情况制定出差制度，所以不同的企业其差旅报销单的格式也不尽相同，请你参照图 3-1-14，在 Excel 中编制一份差旅报销单。并按以下要求对该报销单进行设置。

图 3-1-13　周日值班表

图 3-1-14　差旅报销单

"A1:F1"合并单元格，垂直对齐；标题字为宋体、加粗、紫罗兰，使用会计用双下划线；表中所有要录入文本的单元格（如 B2:B3）等，设置字体为宋体，字号 12 号，颜色蓝色；设置日期格式，将 B3、D3 单元格设置为日期格式"2001 年 3 月 14 日"；设置货币格式：将所有有关差旅费用金额填写的单元格设置为货币格式"￥-1,234.10"；设置边框与底纹，将表格的外边框设置为实线、内框线设置为虚线；将 F3、C11、C15 三个单元格设置为"灰色-25%"的底纹颜色。

（3）假若你是学校学生会学习部部长，需要配合教务科组织策划一次技能大赛。为了圆满完成任务，需要设计一张活动日程安排表。

活动日程安排表的设计要求如下：活动时间安排为1天，活动项目不得少于5个；表格内容：包括标题、活动项目名称、活动进行的时间段、各项目负责人及场地等；活动日程表右下角要有组织部门的名称及发布时间；表格结构合理、字体字号设置适当；根据自己喜好美化表格。

项目二　规范的学生信息表

学习目标

(1) 会在表格中熟练录入各种常用类型的数据。
(2) 能够插入、移动、复制工作表，重命名工作表。
(3) 能使用查找、替换功能修改数据。

项目介绍

小江班上的同学来自四面八方，建立一个包含学生姓名、年龄、性别、爱好等基本情况的学生信息表，有利于师生间的相互沟通和了解，也便于学校对学生的管理及服务，学生信息表效果如图 3-2-1 所示。

15级室内装潢专业新生信息表

序号	姓名	身份证号码	性别	出生日期	籍贯	中考成绩
01	贺安	5001092001202832X	男	2000年12月2日	重庆北碚区	600.00
02	陈一	500237200008041595	男	2000年8月4日	四川省邻水县	580.00
03	王会	511623199908090032	男	1999年8月9日	重庆潼南县	579.00
04	钟真琴	500221199804276123	女	1998年4月27日	重庆长寿区	603.00
05	孙鑫	500243199911237468	男	1991年11月2日	重庆巫山县	497.00
06	雷仁鹏	500243200051948689	男	2000年5月19日	重庆长寿区	566.00
07	聂灵娅	50024320011126353x	女	2001年11月26日	重庆北碚区	589.00
08	靳娅	500243199908154079	女	1999年8月15日	重庆巫山县	566.00
09	龚书	500243200110204156	男	2001年10月20日	重庆长寿区	602.00
10	姜方	500226200109301516	男	2001年9月30日	重庆武隆县	566.00
11	蔡海峰	500232000072203720	男	2000年7月2日	重庆丰都县	545.00
12	李锂	500109200104128625	男	2001年4月12日	重庆长寿区	500.00
13	曾涛	500237200110033116	男	2001年10月3日	四川省遂宁市船山	608.00
14	李婷婷	500221199912146110	女	1999年12月14日	重庆北碚区	709.00
15	龚光圣	500232199910086 74X	男	1999年10月8日	重庆渝北区	622.00

图 3-2-1　15级室内装潢专业新生信息表

112

项目任务

任务一　制作学生信息表

任务描述

认识Excel中常见的数据类型,学习各种类型数据录入的技巧。

任务实施

一、认识Excel表格中常见的数据类型

(1)文本型数据。文本型数据是指不能参与算术运算的任何字符。英文字母、汉字、不作为数值使用的数字等均属于此种类型,如电话号码、各种编号、身份证号码等以及其他可输入的一些字符。图3-2-1表中的"序号""姓名""身份证号码""性别""籍贯"列就属于文本型数据。

(2)数值型数据。数值型数据一般指数值常量,是可进行数值运算的数据。如表中的"中考成绩"列就是数值型数据。当输入的数据位数超过11位时,Excel自动以科学计数法表示。

(3)日期时间型数据。输入日期时,用"-"或"/"分隔日期的年、月、日;输入时间时应用":"分隔。

二、完成"学生信息表"中内容的录入

(1)文本型数据的序列填充方法,快速录入"序号"。

首先选中需录入序号的单元格区域→单击"开始"→单击"数字格式"选项按钮→在弹出的快捷菜单中选择"文本"→在A3单元格中输入"01"→将光标置于A3单元格的填充柄上,向下拖动鼠标即可快速录入剩余的序列号。其中,选择"文本"的操作如图3-2-2所示。

其次,也可在"序号"列下第一个单元格A3中输入"'"(必须在英文状态下录入),再输入"01",然后将光标置于A3单元格的填充柄上,向下拖动鼠标即可快速录入剩余的序列号。

(2)文本型数据录入方法,"身份证号码"的录入。

身份证号码是文本格式的数据,且超过11位数,若直接在单元格中输入数据,在单元格默认的常规状态下会自动转化为科学计数,因此必须将相应的单元格设置为文本格式或直接按照文本格式的方式进行录入。

(3)在不相邻的若干单元格中快速录入相同内容的技巧,"性别"的录入。

在"性别"列下第一个单元格中输入"男",使用填充功能将剩下的单元格中都录入"男",按住Ctrl键不放,再依次选择其他是女生的单元格,这样就同时选定了多个不相邻的单元格,再在选

113

好的最后一个单元格中输入"女",最后按下"Alt+Enter"组合键即可快速完成在若干个不相邻单元格中同时输入相同数据的操作,如图3-2-3所示。

图3-2-2 录入序号

图3-2-3 在不相邻单元格中快速录入相同的内容

(4)日期型数据的设置,"出生日期"的录入。

在"出生日期"列以"XXXX/XX/XX"或"XXXX-XX-XX"方式输入学生的出生日期,选定"出生日期"所在的单元格数据区域,单击"开始"→"数字格式"选项按钮,在弹出的快捷菜单中选择"长日期",如图3-2-4所示,则"出生日期"列的数据转换为图3-2-1"出生日期"列所示的"XXXX年XX月XX日"的显示方式,省去了录入汉字的麻烦。

(5)选择列表的使用,"籍贯"的录入。

表格中"籍贯"的内容,可以直接录入,但其中有很多重复的内容,我们既可以采用复制粘贴方式,也可以使用"选择列表"的方式录入。如图3-2-5所示,将光标置于需要录入数据的单元格,按下"Alt+↓"键,该单元格所在列已经输入的数据则全部显示在一个列表中,允许用户选择其中任意一个选项,快捷填充到当前单元格中。

图3-2-4 录入并设置日期型数据

图3-2-5 使用"选择列表"录入数据

(6)数值型数据,"中考成绩"的录入。

将相应的单元格区域设置为数值格式,再录入数据。

任务二 编辑工作表

任务描述

复制工作表、修改工作表、重命名工作表、插入工作表。

任务实施

一、复制工作表

(1)将光标置于"sheet1"上。

(2)单击鼠标右键,在弹出的快捷菜单中选择"移动或复制",在弹出的"移动或复制工作表"对话框中勾选"建立副本",单击"确定"按钮,如图3-2-6所示,则添加了一个在内容上和"sheet1"一样的工作表"sheet(1)"。也可以采用复制、粘贴的方式完成此项内容:即在"sheet1"中选定工作表复制→打开"sheet2"→选定一个单元格并执行粘贴命令。

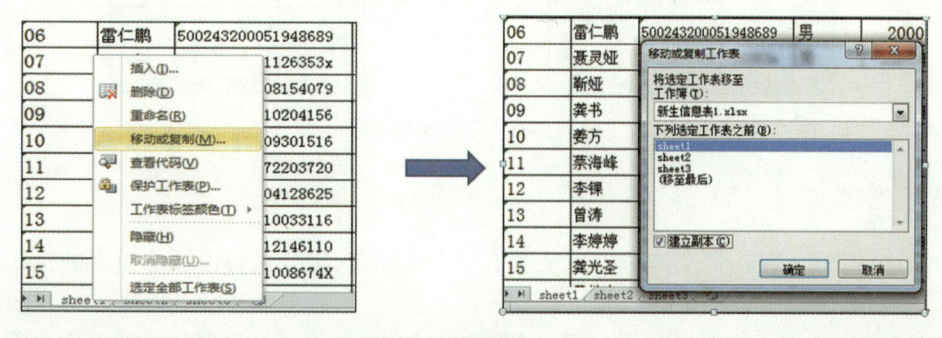

图3-2-6 复制工作表

二、修改工作表

(1)将如图3-2-7所示复制后的工作表(左图)。修改为右图的"15级室内装潢1班调查表",汇总表中前30人在1班,后30人在2班。

(2)比较两个表格可知,我们需要修改一些表格的内容,如将"序号"改成"学号";还需要删除一些行或列,如保留前30位学生的信息,删除后30位学生的所有信息。

(3)选择需删除的行或列,单击"开始"→"删除"→"删除工作表行"或"删除工作表列"即可,如图3-2-8所示。

(4)使用同样的方式完成"15级室内装潢2班调查表"的编制。

图3-2-7 修改工作表　　　　图3-2-8 删除工作表的行或列

三、重命名工作表

（1）将光标置于工作表标签"sheet1"上，单击鼠标右键，选择"重命名"，在被覆盖"sheet1"上输入"15装潢新生信息表"，如图3-2-9所示，也可用鼠标双击"sheet1"，直接修改。

（2）使用同样的方法完成其他工作表标签的重命名。

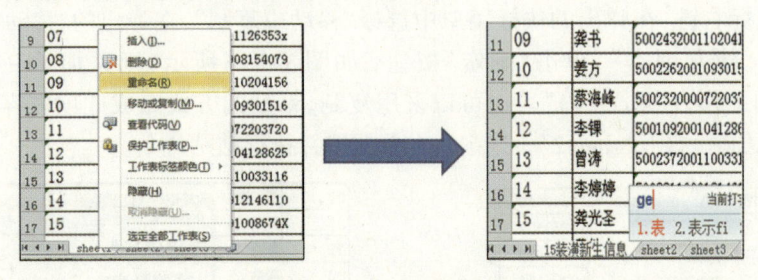

图3-2-9　给工作表重命名

四、插入工作表

（1）默认状态下，在一个工作簿中只显示了三个工作表，但我们可以添加更多的工作表来满足需要。

（2）单击"插入工作表"按钮，添加了一个新的工作表"sheet1"。给新添加的工作表重命名为"学生学籍卡样表"，并在该工作表中为本年级的学生设计一个"学生学籍卡"，如图3-2-10所示。

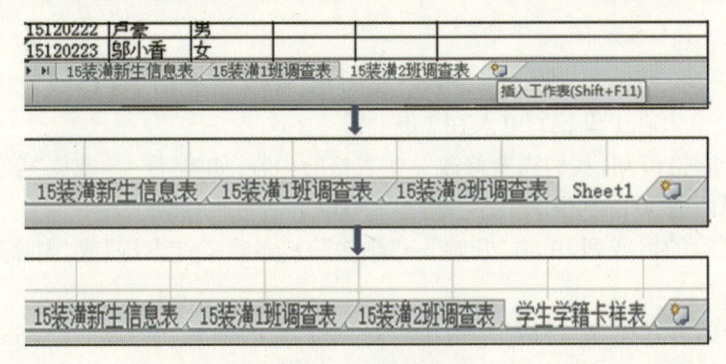

图3-2-10　插入工作表

任务三　查找、替换数据

> 任务描述

为了规范表格中录入的内容，在"籍贯"列中，我们需要将"重庆"修改为"重庆市"，由于需要修改的内容比较多，较麻烦且容易出错，不适合逐一查找、修改。在Excel中为我们提供的"查找和替换"功能则可以快捷、简便地完成该项任务。

任务实施

一、查找

(1)选定表中任意一个单元格。
(2)单击"开始"→"查找和替换"→"查找",弹出"查找和替换"对话框。
(3)在"查找内容"中输入"重庆",则可查找到表格中所有符合条件的内容。

二、替换

(1)选定表中任意一个单元格。
(2)单击"开始"→"查找和替换"→"替换",弹出"查找和替换"对话框。
(3)在"查找内容"中输入"重庆",在"替换为"中输入"重庆市",单击"全部替换"则可将表格中所有符合条件的内容一次性修改完毕,如图3-2-11所示。

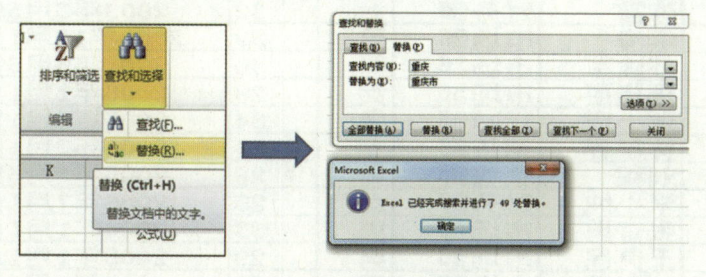

图3-2-11 查找与替换

项目小结

通过本项目对建立学生信息汇总资料的详细介绍,小江掌握了Excel中常见的数据类型及数据的录入方法及技巧,熟悉了工作表及单元格的基本编辑方法。

学以致用

在 Excel 2010 中建立一个"员工档案"工作簿,并参照图 3-2-12 完成"员工档案资料表"的录入,将该工作表标签命名为"员工档案",并根据自己的喜好为表格套用一种表格格式。

	A	B	C	D	E	F	G
1	员工档案资料表						
2	编号	姓名	部门	性别	年龄	入职时间	学历
3	001	宋东朝	市场部	男	38	2001年5月6日	硕士
4	002	金勇	销售部	男	45	2003年4月3日	硕士
5	003	张强	财务部	男	36	2003年1月1日	本科
6	004	孙雪	行政部	女	40	2001年7月7日	本科
7	005	刘民	销售部	男	45	2000年1月1日	本科
8	006	罗祥	行政部	男	48	1992年9月1日	本科
9	007	于鸣	行政部	男	39	2002年3月1日	本科
10	008	陈霞	财务部	女	32	2003年3月5日	硕士
11	009	李海	市场部	男	39	2002年12月1日	本科
12	010	苏建军	市场部	男	36	2001年5月6日	硕士
13	011	杨佳丽	市场部	女	28	2006年1月1日	本科
14	012	宋小庆	行政部	男	34	2005年9月1日	硕士
15	013	林宇春	销售部	女	26	2006年3月1日	本科
16	014	刘程	销售部	男	28	2005年3月5日	本科
17	015	米小纯	财务部	女	25	2006年7月1日	本科
18	016	张奋勇	市场部	男	33	2004年1月1日	硕士
19	017	王良民	市场部	男	29	2005年1月1日	本科
20	018	刘兴旺	市场部	男	28	2004年1月1日	硕士

图 3-2-12　员工档案

模块三　中文 Excel 2010 电子表格

项目三　快捷的学生成绩表

学习目标

(1)会进行单元格地址的引用。
(2)能在 Excel 中编辑自定义公式。
(3)会使用函数：SUM、AVERAGE、MAX、MIN、RANK。
(4)会利用条件格式突出显示表中的数据。

项目介绍

每学期期末考试后，同学们最关心的是自己的考试成绩，班主任更是忙于考试成绩的统计。小江通过 Excel 2010 软件的学习，帮助班主任快速、准确地完成了本班期末考试成绩的记录及汇总，效果如图 3-3-1 所示。

14级1班期末考试成绩汇总

学号	科目 姓名	计算机基础	数学	英语	物理	应用写作	个人总分	个人平均分	名次
1	陈伟	92	98	95	83	92	460	92	1
2	黄纬	89	56	70	58	80	353	70.6	14
3	牟菊苗	90	67	85	75	81	398	79.6	8
4	舒露	94	71	100	73	90	428	85.6	4
5	杨琴琴	90	67	85	70	74	386	77.2	11
6	杨秋荣	92	85	95	81	93	446	89.2	2
7	唐旭	79	50	85	40	78	332	66.4	16
8	刘正翔	90	67	85	70	77	389	77.8	10
9	宋敏文	70	58	80	55	75	338	67.6	15
10	陈波	85	75	81	81	93	415	83	7
11	王武	100	73	90	90	67	420	84	5
12	张美莹	80	73	90	67	85	395	79	9
13	毛桃珍	70	74	92	85	95	416	83.2	6
14	赵秀红	70	67	85	70	74	366	73.2	13
15	刘聪	67	85	75	81	74	382	76.4	12
16	王莹	92	85	95	81	93	446	89.2	2
各科平均分		84.4	71.9	86.8	72.5	82.6	班级平均分	79.63	
各科最高分		100	98	100	90	95			
各科最低分		67	50	70	40	67			

图 3-3-1　考试成绩汇总表

119

项目任务

任务一　计算总分

任务描述

某班的期末考试成绩出来后,需要计算其总分。利用算术公式和单元格编辑自定义公式。

任务实施

一、输入公式

（1）将光标置于要放置运算结果的单元格H4中。

（2）在单元格或编辑栏中输入等号"＝",输入计算表达式"＝C4+D4+E4+F4+G4",按Enter键即可,如图3-3-2所示。

图3-3-2　输入公式

二、填充数据

（1）将鼠标放置在H4单元格右下角的填充柄上。

（2）鼠标指针变成"十"字后,按住鼠标左键向下拖动,即可快速计算出其他学生的总分。

任务二　计算平均分

任务描述

使用自动按钮计算总分、平均值等。

任务实施

一、输入公式

（1）选择放置运算结果的I4单元格。

（2）单击"公式"菜单，单击"Σ自动求和"按钮下的小三角符号，在展开的菜单中选择"平均值"，在编辑栏和I4单元格出现"=AVERAGE(C4:H4)"，将H4修改成G4，按下"Enter"键即可得到1号学生的平均分数，如图3-3-3所示。

图3-3-3　个人平均分的计算

二、填充数据

（1）将光标置于I4单元格的填充柄上。
（2）向下拖动鼠标，即可快速得到其余学生的平均分。

知识窗

在运用公式和函数计算时，要熟悉公式的输入规则：公式必须以"="开始。函数的输入方法有两种：一是粘贴函数；二是在单元格或编辑栏直接输入函数，此时必须在函数名称前面先输入"="构成公式。

任务三　统计名次

任务描述

认识Excel函数、区域及使用函数RANK求名次的方法。

任务实施

一、介绍常见函数

1.函数RANK

功能：返回某数字在一列数字中相对于其他数值的大小排位。
语法：RANK(Number,Ref,Order)。

参数：Number是指参与计算的数字或含有数字的单元格；Ref是对参与计算的数字单元格区域的绝对引用；Order指定排位的方式，如果为0或忽略，降序；非零值，升序。

2.函数SUM

功能：用于计算多个参数之和；语法：SUM(number1,number2……)。

3.函数AVERAGE

功能：用于计算多个参数的平均值；语法：AVERAGE(number1,number2……)。

4.函数MAX

功能：用于获取所选区域最大的数据；语法：MAX(numberx:numbery)。

5.函数MIN

功能：用于获取所选区域最小的数据；语法：MIN(numberx:numbery)。

> **知识窗**
>
> （1）Excel函数。在Excel中为我们提供了大量的函数以便对数据进行处理，这些函数是Excel预定义的具有一定功能的内置公式。
>
> （2）区域。区域是指相邻的一组单元格，表示方法为："(左上角单元格地址)：(右下角单元格地址)"

二、使用函数

（1）期末考试成绩汇总表如图3-3-4所示，若要判断出1号学生的名次，则可以看该生的总分（H4单元格中的数据）在全班学生总分（"H3:H19"数据范围）中的排位。

（2）在编辑栏中或直接在J4单元格中输入公式"=RANK(H4,$H$4:$H$19)"即可。

图3-3-4　使用函数RANK求名次

> **知识窗**
>
> 公式中的单元格引用可分为相对引用、绝对引用、混合引用3种：
>
> （1）相对引用是基于公式中引用单元格的相对位置而言。使用相对引用时，如果公式所在单元格的位置发生改变，则引用的单元格也会随之改变，如在A3单元格的公式为"=A1+A2"，将A3单元格的公式复制到B3单元格，B3单元格内的公式将自动调整为"=B1+B2"。
>
> （2）绝对引用是指公式中所使用单元格位置不发生改变的引用，即引用固定位置的单元格。无论公式被粘贴到表格中的任何位置，所引用的单元格位置都不会发生改变。被引用的固定位置单元格名称的行标与列标前面必须加上"$"符号。
>
> （3）混合引用是一种介于相对引用与绝对引用之间的引用，即引用单元格的行和列中，一个是就相对引用，一个是绝对引用。

任务四　使用条件格式

任务描述

使用"条件格式"突出显示数据。

任务实施

一、选择"条件格式"

（1）选定各科分数区域。

（2）单击"开始"→"条件格式"→"突出显示单元格规则"，选择"小于"，如图3-3-5所示。

图3-3-5　选择"突出显示单元格规则"

二、设置格式

（1）在打开的"小于"对话框的文本栏中输入60。

（2）在"设置"选项框选择"浅红填充色深红色文本"，即可得到如图3-3-6所示的效果。

图3-3-6 突出显示不及格的成绩

项目小结

本项目主要介绍了自定义公式的使用方法，并通过函数 SUM、AVERAGE、MAX、MIN、RANK 的使用来介绍 Excel 函数及其用法。同时，该项目也介绍了如何运用"条件格式"突出显示表中的内容。

学以致用

（1）打开素材/模块三/项目三/工资表，请计算某单位职工工资，要求及说明如下。

工龄工资的计算：每工作一年，工龄工资多80元。

养老保险扣款金额、医疗保险扣款金额分别是基本工资的1%、2%，扣款合计指养老保险、医疗保险扣款总额。

增加项目"实发工资"，"实发工资"为"基本工资"加上"工龄工资"再减去"扣款合计"，实发工资栏设置为货币格式。

显示实发工资的排名并突出显示实发工资超过2000的数据。

标题跨列居中，字体、字号设置合适；表头字体加粗、居中、自动换行。

（2）学校举行了一年一度的演讲比赛，各评委所评分数已记录在素材/模块三/项目三/演讲比赛评分表中，请你试试如何得出比赛结果。

(3)打开素材/模块三/项目三/销售人员奖金表，按要求计算某单位销售人员奖金。

(4)图3-3-7是某学校教师奖金的计算表格，请参照下图在Excel中制作该表，并按以下要求计算出教师的奖金。

教师奖金表

姓名	班级	课程名称	周次及周学时					系数	每班学时	总学时	单价（元）	奖金金额
			6	7	8	9	10					
周明	财会1	计算机应用基础	4	2	4	2	4	1.2			30	
	财会2	计算机应用基础	2	4		2	4	0.9				
	财会3	计算机应用基础	2	4		2	4	0.9				
王洁	机制1	Photoshop	4	4	4	4		1			30	
	机制2	Photoshop	4	2	4	4	4	1.1				
	机制3	Photoshop	4	4	4	4	2	1.1				

图3-3-7 教师奖金表

每班学时 = 周学时之和×系数。

总学时 = 各班级学时之和。

奖金金额 = 总学时×单价，设置奖金金额列为货币格式。

项目四　直观的学生成绩统计分析表

学习目标

（1）能理解并熟练掌握COUNT、COUNTIF函数的应用。
（2）学会数据的"排序"操作方法。
（3）学会制作统计分析图，学会创建图表并利用图表分析实际问题。
（4）学会数据的"筛选"和"高级筛选"。

项目介绍

小江为了帮助任课教师了解教学效果，想利用公式对各科成绩的及格率、优秀率、各分数段的人数等数据进行统计分析；利用排序、筛选、图表等对成绩进行数据分析，效果如图3-4-1。

图3-4-1　学生成绩统计分析表

任务一　制作学生成绩统计分析表

任务描述

班主任老师要求小江同学帮忙完成制作学生成绩统计分析表，以便老师进行成绩分析。小江应该如何完成老师交给的任务呢？

任务实施

一、认识COUNT、COUNTIF、COUNTIFS函数

1.计数函数COUNT

功能：返回参数列表中数字的个数。

语法：COUNT(number1、number2…)。

number1、number2…：是包含或引用各种类型数据的参数，但只有数字类型的数据才被计算。

说明：函数COUNT在计数时，将把数字、日期或以文本代表的数字计算在内。

例如，如果要计算A2到A10单元格中包含数字的单元格个数，则在结果单元格中输入公式："=COUNT(A2:A10)"。

2.条件计数函数COUNTIF

功能：计算某个区域中满足给定条件的单元格数目。

语法：COUNTIF(range,criteria)。

说明：range 计数的范围即计数区域。

criteria 以数字、表达式或文本形式定义的条件，即计数条件。

在图3-4-2所示中，若需统计名称为"苹果"的单元格个数，则在结果单元格中输入"=COUNTIF(A2:A5,"苹果")"，如图3-4-2(a)所示；若需统计数量大于50的单元格个数，则在目标单元格中输入公式"=COUNTIF(B2:B5,">50")"，如图3-4-2(b)所示。

图3-4-2　COUNTIF的用法举例

3.多条件计数函数COUNTIFS

功能：计算区域内符合多个条件的单元格的个数。

语法：COUNTIFS(criteria_range1, criteria1, criteria_range2, criteria2, …)。

说明：criteria_range1为第一个需要计算其中满足某个条件的单元格数目的单元格区域（简称条件区域），criteria1为第一个区域中将被计算在内的条件（简称条件），其形式可以为数字、表达式或文本；criteria_range2为第二个条件区域，criteria2为第二个条件，依次类推。

统计E3:E50中大于80且小于90的数据个数则可用公式"=COUNTIFS(E3:E50,">80", E3:E50,"<90")"。

二、统计各分数段人数

1.统计各科90~100分的人数

在C31单元格中输入公式"=COUNTIF(C3:C30,">=90")"，求出语文成绩在90~100分的人数，如图3-4-3所示。其余各科90~100分的人数可用填充柄向右拖动即可求出。

图3-4-3 统计90~100分的人数

2.统计各科60~89分的人数

在C32单元格中输入公式"=COUNTIFS(C3:C30,">=60", C3:C30,"<90")"，求出语文成绩在60~89分人数，如图3-4-4所示。其余各科60~89分的人数可用填充柄向右拖动即可求出。

3.统计各科低于60分的人数

在C33单元格中输入公式"=COUNTIF(C3:C30,"<60")"，求出语文成绩低于60分人数，如图3-4-5所示。其余各科低于60分的人数可用填充柄向右拖动即可求出。

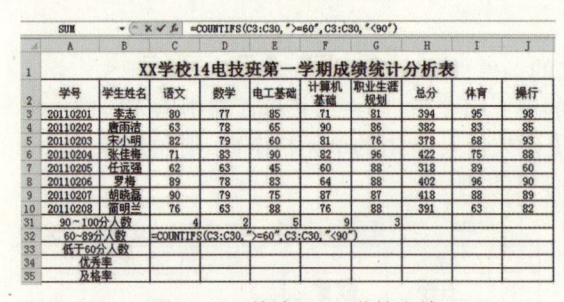

图3-4-4 统计60~89分的人数

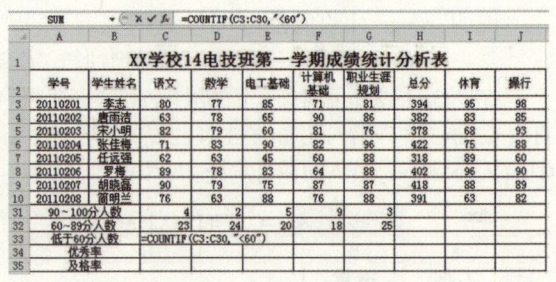

图3-4-5 统计低于60分的人数

三、统计优秀率和及格率

假如各科成绩满分为100分，90分以上（含90分）为优秀，60分以上（含60分）为及格；优秀率则为某科成绩大于等于90分的人数占全班总人数的比例，及格率为全班中某科成绩大于等于60

分的人数占全班总人数的比例。

1. 设置单元格格式

选中C34:G35单元格区域,单击鼠标右键,选择"设置单元格格式",打开"设置单元格格式"对话框,在"数字"选项卡下选"百分比",则将该区域数据设置成百分比格式,如图3-4-6所示。

2. 统计优秀率

在C34单元格中输入公式"=COUNTIF(C3:C30,">=90")/COUNT(C3:C30)",求出语文成绩的优秀率,如图3-4-7所示。其余各科成绩优秀率可用填充柄向右拖动求出。

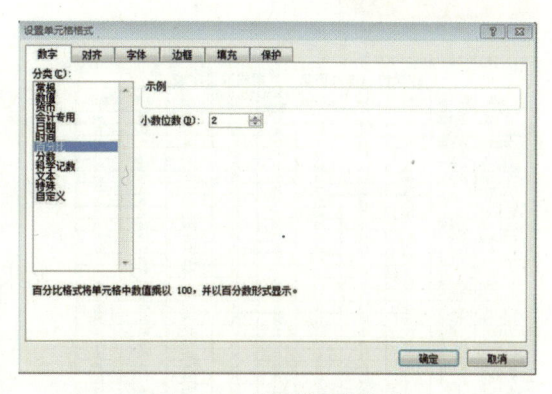

图3-4-6 设置单元格格式

3. 统计及格率

在C35单元格中输入公式"=COUNTIF(C3:C30,">=60")/COUNT(C3:C30)",求出语文成绩的及格率,如图3-4-8所示。其余各科成绩及格率可用填充柄向右拖动求出。

图3-4-7 统计优秀率

图3-4-8 统计及格率

任务二 排序学生成绩表

任务描述

班主任老师想了解全班学生的学习情况,委托小江将全班学生成绩按总分从高到低排列,如果出现总分相同的情况,则按体育分数高低进行排序,如果出现总分和体育都相同的情况,再按操行分数的高低进行排序,下面我们来和小江一起做一做吧!

任务描述

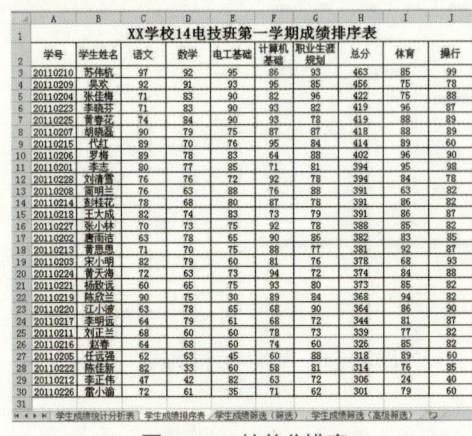

图3-4-9 按总分排序

一、单一条件排序

（1）选中学生成绩排序表中"总分"列的任意单元格。

（2）单击鼠标右键→选择"排序"→"降序"，排序结果如图3-4-9所示。

二、多条件排序

在图3-4-9中，8号、14号、18号学生的"总分"成绩相同，为了区别他们的排名高低，可设置多条件排序，方法如下：

（1）选中需排序的单元格区域(A2:J30)。

（2）单击"数据"选项卡，在"排序和筛选"组中单击"排序"按钮，如图3-4-10所示。弹出的对话框如图3-4-11所示。

图3-4-10　排序命令

图3-4-11　排序对话框

（3）单击"选项"按钮，选择"按列排序"，如图3-4-12所示。

（4）在主要关键字中选择"总分"，单击"添加条件"按钮，并在次要关键字中分别选择"体育"和"操行"，次序均选择"降序"，如图3-4-13所示。

（5）排序后的学生成绩表如图3-4-14所示。

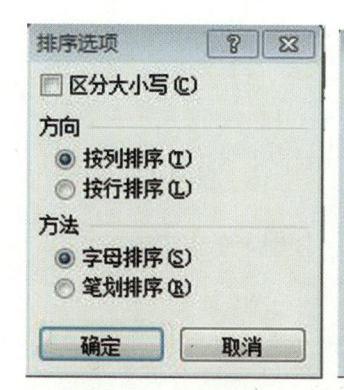

模块三 中文 Excel 2010 电子表格

图3-4-12 按列排序

图3-4-13 设置排序条件

图3-4-14 排序后的学生成绩表

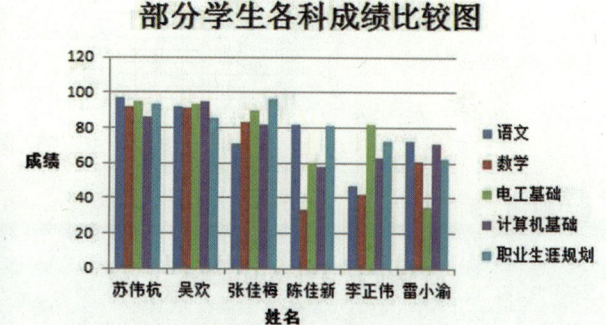

图3-4-15 成绩统计分析图

任务三 制作成绩统计分析图

任务描述

班主任老师想分析总成绩前三名和后三名学生的各科成绩,他让小江用一种清晰、直观的方式表达出来,以便于比较、分析优生和差生的学习情况。小江想到了统计分析图,图表比数据更易于表达数据之间的关系以及数据变化的趋势,从图中不仅可以清晰、直观地看出某一个学生各科成绩情况,也可以看出同一科目不同学生的成绩差异。那小江应该怎样制作一张如图3-4-15所示的成绩统计分析图呢?

131

一、插入图表

(1)选择在工作表"学生成绩排序表"中进行相应操作。

(2)单击"插入"→"柱形图"→选择二维柱形图中的"簇状柱形图",如图3-4-16所示。

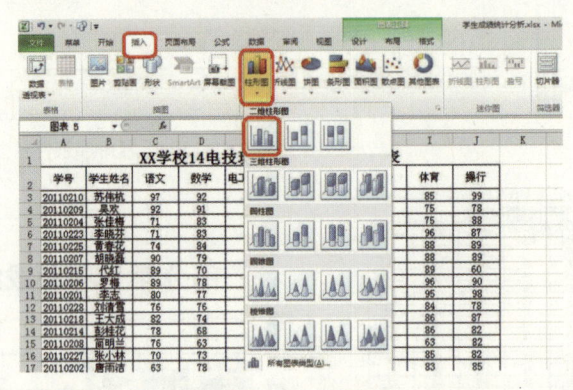

图3-4-16　插入图表

知识窗

常用的图表类型有柱形图、条形图、折线图、饼图等,其用途分别为如下:

(1)柱形图。通常用来描述不同时期数据变化情况或比较数据间的多少或大小关系。

(2)条形图。通常用来比较不同类别数据之间的差异情况。

(3)折线图。通常用来表现数据的变化趋势。

(4)饼图。适用于数据间的比例分配关系,比较个别项目在整体中所占的比例。

二、选择图表数据来源

(1)单击"设计"→"选择数据",如图3-4-17所示。

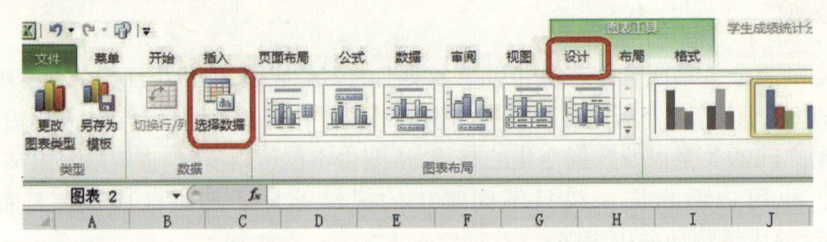

图3-4-17　打开"选择数据源"对话框

(2)在弹出的"选择数据源"对话框中,选择单元格区域B2:G5和B28:G30。

要建立前三名和后三名学生的各科成绩比较图,其数据区域应选择他们姓名及成绩数据所在区域。方法是先选中单元格区域B2:G5,再按住Ctrl键选择单元格区域B28:G30,如图3-4-18

所示。单击"确定"按钮后,结果如图3-4-19所示。

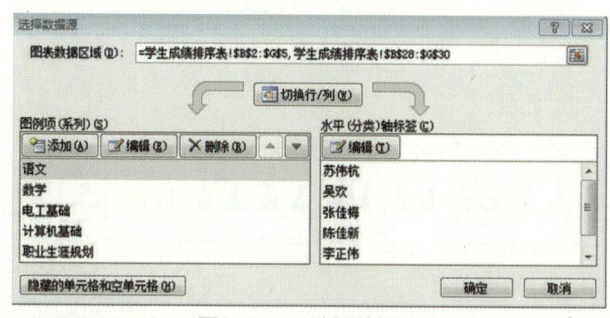

图3-4-18　选择数据源

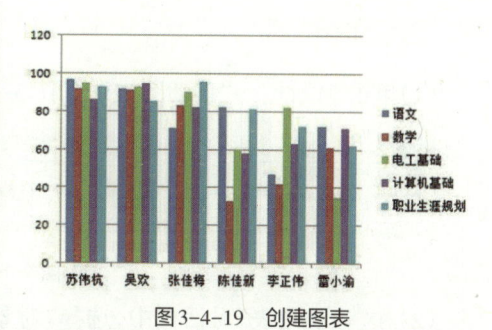

图3-4-19　创建图表

知识窗

在图3-4-18中,可对图例项(系列)、水平(分类)轴标签进行编辑。单击"切换行/列"按钮,可进行图例项(系列)与水平(分类)轴标签的转换。

三、设置图表及坐标轴标题

(1)设置图表"标题"。单击"布局"→"图表标题"→选择"图表上方",如图3-4-20所示。此时图表上方会出现一个编辑栏,直接输入图表的标题即可,如图3-4-21所示。

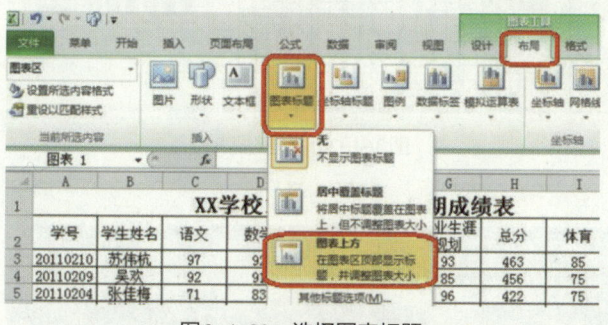

图3-4-20　选择图表标题

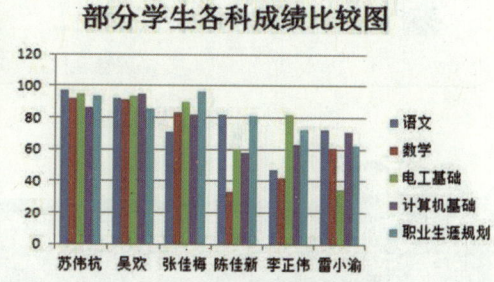

图3-4-21　设置图表标题

(2)设置坐标轴标题。单击"布局"→"坐标轴标题"→选择"主要横坐标轴标题"或"主要纵坐标轴标题"→选择"坐标轴下方标题"或"横排标题",如图3-4-22、图4-4-23所示。

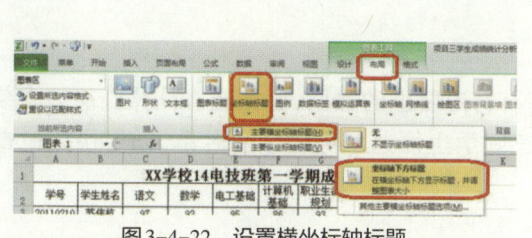

图3-4-22　设置横坐标轴标题

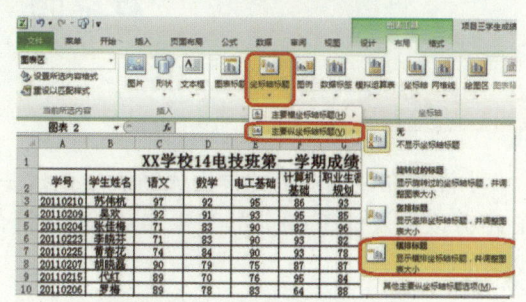

图3-4-23　设置纵坐标轴标题

此时图表下方或左方会出现一个编辑栏,直接输入横坐标轴或纵坐标轴的标题即可。

四、设置图表位置

(1)单击"设计"→"移动图表",如图3-4-24所示。

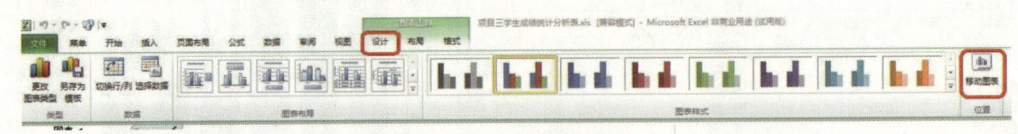

图3-4-24　选择图表位置

(2)在"移动图表"对话框中,选择"对象位于学生成绩排序表",即表示将图表放在现有的工作表中,成为工作表中的一个图表对象,如图3-4-25所示。

(3)选中图表并拖动可以调整图表到合适的位置,如图3-4-26所示。

图3-4-25　设置图表位置

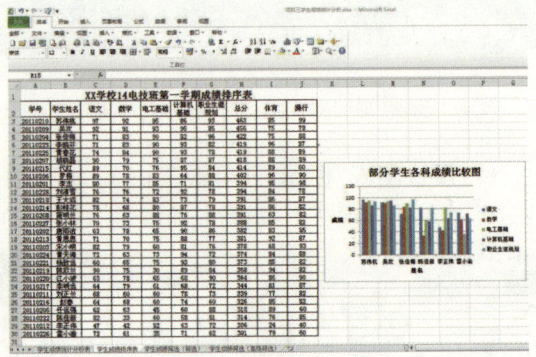

图3-4-26　调整图表位置

> **知识窗**
>
> 在图表的制作过程中,"图表类型""数据来源""标题""位置"4步中的任何一步出错都不必重新开始,只要选定图表,就可以在"设计"选项卡下选择对应的命令进行修改。如果工作表中作为图表源数据部分发生变化,图表中的对应部分也会自动更新。

任务四　筛选数据

任务描述

小江想在数据众多的学生成绩表中查找一些有特定要求的数据,比如查看计算机基础成绩在90分以上及低于60分的学生名单,查找符合三好学生评选条件的学生名单,如何快捷地查找呢?

任务实施

一、普通筛选

查看计算机基础成绩在90分以上和低于60分的学生名单。

(1)单击"学生成绩筛选(筛选)"表中任意单元格后,选择"数据"→"筛选",如图3-4-27所示。此时,学生成绩表标题列中自动出现下拉箭头。

(2)单击"计算机基础"列下拉箭头→选择"数字筛选"→"自定义筛选…",如图3-4-28所示。

图3-4-27 启动筛选　　图3-4-28 启动自定义筛选

(3)在弹出的"自定义自动筛选方式"对话框中进行筛选条件的设置,如图3-4-29所示。其中"与"运算表示两个条件均要满足,"或"运算表示只要有一个条件满足即可。

(4)筛选结果如图3-4-30所示。

图3-4-29 设置筛选条件　　图3-4-30 筛选结果

二、高级筛选

查找符合"三好学生"条件的学生名单,"三好学生"的条件符合总分大于或等于400分、体育不低于85分、操行不低于90分3个条件。但筛选最多只能对一个字段设置两个条件,像这样要设置更为复杂的筛选条件,就需要用到高级筛选。

(1)建立筛选条件区域。在"学生成绩筛选(高级筛选)"表中建立条件区域(A32:C33),输入各条件的字段名和条件值,如图3-4-31所示。

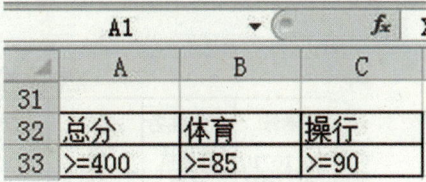

图3-4-31 建立筛选条件区域

知识窗

Excel提供了比较运算符，用于完成对两个数值的比较，其符号表示及含义见下表。

运算符	含义	运算符	含义
=	等于	<=	小于或等于
<	小于	>=	大于或等于
>	大于	<>	不等于

(2)单击"数据"→"高级"，如图3-4-32所示。

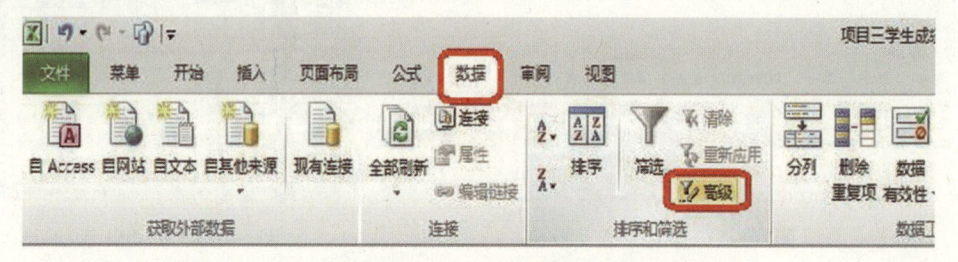

图3-4-32 启动高级筛选

(3)在"高级筛选"对话框中输入列表区域和条件区域，如图3-4-33所示。

图3-4-33 设置筛选方式及列表、条件区域

(4)高级筛选结果如图3-4-34所示。

	A	B	C	D	E	F	G	H	I	J
1	XX学校14电技班第一学期成绩表									
2	学号	学生姓名	语文	数学	电工基础	计算机基础	职业生涯规划	总分	体育	操行
3	20110210	苏伟杭	97	92	95	86	93	463	85	99
10	20110206	罗梅	89	78	83	64	88	402	96	90

图3-4-34 高级筛选结果

136

知识窗

高级筛选的关键之处在于正确地设置筛选条件,即建立条件区域。条件区域可以是通配符、文本、数值、计算公式和比较式。在 Excel 2010 中,条件区域构造的规则是:同一列中的条件表示"或",同一行中的条件表示"与"。

项目小结

本项目介绍了数据统计分析的几种方式,如用统计分析表、统计分析图、排序及筛选来进行数据的统计分析。通过本项目的学习,小江熟练掌握了 COUNT、COUNTIF 等函数的用法,学会了按条件进行排序、筛选,并会根据要求来创建统计分析表和统计分析图。

学以致用

(1)分析学生成绩变化趋势。

若想了解一个学生多年来学习状况,利用各学期的成绩制作折线图是一个好的方法,如图 3-4-35 所示的是用四位学生三个学期总成绩制作的折线图,从图上可以很直观地看出他们几学期以来的学习变化情况。完成素材/模块三/项目四/学生成绩变化趋势图.xlsx 中的内容。

(2)完成素材/模块三/项目四/期中成绩统计分析.xlsx 中的内容。

图3-4-35 成绩变化折线图

(3)素材/模块三/项目四/销售数据表.xlsx 是某商场某月手机销售的数据,请使用该数据表创建图表,所建立的图表要能体现出各品牌手机在总销售金额中所占的比例。

(4)素材/模块三/项目四/产品生产量统计.xlsx 表中的数据是某单位 5~8 月份的产品生产量,请按以下要求完成图表的创建。

根据表中数据对各个车间的产量建立簇状柱形图。标题字内容为"各车间产量对比图";设置标题字体为黑体加粗16号,颜色深蓝;分类轴标题字体黑体10号;数值轴标题字体黑体10号;坐标轴格式字体8号,最大值为4500,主要刻度单位为500;图例填充效果为"雨后初晴";图例字体黑体10号;图表填充效果为纹理"画布"。

项目五　实用的职工工资表

学习目标

(1) 能熟练掌握自定义公式的应用。
(2) 学会使用函数和公式对职工工资表进行计算。
(3) 学会表格"批注"的插入和编辑。
(4) 学会工作表间单元格数据的引用。
(5) 学会IF函数的使用。

项目介绍

小江的姐姐负责单位的工资发放，她想让小江利用Excel 2010软件来帮助她快速、准确地计算职工工资。职工工资收入是每个职工基本生活的物质保障，每个职工都很关心自己的月收入，职工工资是怎样计算出来的呢？如图3-5-1所示的是某单位职工的月工资总表。

图3-5-1　职工工资表

138

项目任务

任务一　自定义公式

任务描述

学会按要求编辑自定义公式,熟悉求和函数的使用。

任务实施

一、计算基本工资

"基本工资"的合计为岗位工资、薪级工资之和。
(1)在E5单元格输入公式"=SUM(C5:D5)",如图3-5-2所示。
(2)拖动填充柄即可算出其余职工的基本工资合计。

图3-5-2　计算基本工资合计

二、计算社会保险费

按规定"养老保险"金额为"基本工资"的8%;"医疗保险"金额为"基本工资"的2%;"失业保险"金额为"基本工资"的1%。

(1)计算养老保险。在J5输入公式"=E5*8%",如图3-5-3所示。拖动填充柄即可算出其余职工的养老保险。

图3-5-3　计算养老保险

(2)计算医疗保险。在K5单元格输入公式“=E5*2%”,如图3-5-4所示。拖动填充柄即可算出其余职工的医疗保险。

SUM =E5*2%

	A	B	C	D	E	F	G	H	I	J	K	L	M	N	O	P
1	职工工资总表															
2	部门名称：计算机系													月份：	1月	
3	职工号	姓名	基本工资			津贴补贴	绩效工资	缺勤扣款	应发工资	代扣社会保险费				住房公积金	代扣个税	实发工资
4			岗位工资	薪级工资	合计					养老保险	医疗保险	失业保险	合计			
5	012	张明	1000.00	950.00	1950.00					156.00	=E5*2%					
6	039	许姗姗	850.00	800.00	1650.00					132.00						
7	066	刘东升	720.00	650.00	1370.00					109.60						
8	106	魏小军	1180.00	1080.00	2260.00					180.80						
9	112	金玲	1040.00	960.00	2000.00					160.00						
10	165	张小军	930.00	850.00	1780.00					142.40						
11	180	李子丹	780.00	680.00	1460.00					116.80						
12	193	杨辉	680.00	530.00	1210.00					96.80						
13	170	赵林	590.00	630.00	1220.00					97.60						
14	150	王小佳	685.00	550.00	1235.00					98.80						
15	合计															

图3-5-4 计算医疗保险

(3)计算失业保险。在L5单元格输入公式“=E5*1%”,如图3-5-5所示。拖动填充柄即可算出其余职工的失业保险。

SUM =E5*1%

	A	B	C	D	E	F	G	H	I	J	K	L	M	N	O	P
1	职工工资总表															
2	部门名称：计算机系													月份：	1月	
3	职工号	姓名	基本工资			津贴补贴	绩效工资	缺勤扣款	应发工资	代扣社会保险费				住房公积金	代扣个税	实发工资
4			岗位工资	薪级工资	合计					养老保险	医疗保险	失业保险	合计			
5	012	张明	1000.00	950.00	1950.00					156.00	39.00	=E5*1%				
6	039	许姗姗	850.00	800.00	1650.00					132.00	33.00					
7	066	刘东升	720.00	650.00	1370.00					109.60	27.40					
8	106	魏小军	1180.00	1080.00	2260.00					180.80	45.20					
9	112	金玲	1040.00	960.00	2000.00					160.00	40.00					
10	165	张小军	930.00	850.00	1780.00					142.40	35.60					
11	180	李子丹	780.00	680.00	1460.00					116.80	29.20					
12	193	杨辉	680.00	530.00	1210.00					96.80	24.20					
13	170	赵林	590.00	630.00	1220.00					97.60	24.40					
14	150	王小佳	685.00	550.00	1235.00					98.80	24.70					
15	合计															

图3-5-5 计算失业保险

(4)计算代扣社会保险费。在M5单元格输入公式“=SUM(J5:L5)”,如图3-5-6所示。拖动填充柄即可算出其余职工的代扣社会保险费合计。

SUM =SUM(J5:L5)

	A	B	C	D	E	F	G	H	I	J	K	L	M	N	O	P
1	职工工资总表															
2	部门名称：计算机系													月份：	1月	
3	职工号	姓名	基本工资			津贴补贴	绩效工资	缺勤扣款	应发工资	代扣社会保险费				住房公积金	代扣个税	实发工资
4			岗位工资	薪级工资	合计					养老保险	医疗保险	失业保险	合计			
5	012	张明	1000.00	950.00	1950.00					156.00	39.00		=SUM(J5:L5)			
6	039	许姗姗	850.00	800.00	1650.00					132.00	33.00	16.50				
7	066	刘东升	720.00	650.00	1370.00					109.60	27.40	13.70				
8	106	魏小军	1180.00	1080.00	2260.00					180.80	45.20	22.60				
9	112	金玲	1040.00	960.00	2000.00					160.00	40.00	20.00				
10	165	张小军	930.00	850.00	1780.00					142.40	35.60	17.80				
11	180	李子丹	780.00	680.00	1460.00					116.80	29.20	14.60				
12	193	杨辉	680.00	530.00	1210.00					96.80	24.20	12.10				
13	170	赵林	590.00	630.00	1220.00					97.60	24.40	12.20				
14	150	王小佳	685.00	550.00	1235.00					98.80	24.70	12.35				
15	合计															

图3-5-6 计算代扣社会保险费合计

三、计算住房公积金

按规定“住房公积金”金额为“基本工资”的12%。

(1)在N5单元格输入公式“=E5*12%”,如图3-5-7所示。

(2)拖动填充柄即可算出其余职工的住房公积金。

SUM =E5*12%

	A	B	C	D	E	F	G	H	I	J	K	L	M	N	O	P
1	职工工资总表															
2	部门名称：计算机系													月份：	1月	
3	职工号	姓名	基本工资			津贴补贴	绩效工资	缺勤扣款	应发工资	代扣社会保险费				住房公积金	代扣个税	实发工资
4			岗位工资	薪级工资	合计					养老保险	医疗保险	失业保险	合计			
5	012	张明	1000.00	950.00	1950.00					156.00	39.00	19.50	214.50	=E5*12%		
6	039	许姗姗	850.00	800.00	1650.00					132.00	33.00	16.50	181.50			
7	066	刘东升	720.00	650.00	1370.00					109.60	27.40	13.70	150.70			
8	106	魏小军	1180.00	1080.00	2260.00					180.80	45.20	22.60	248.60			
9	112	金玲	1040.00	960.00	2000.00					160.00	40.00	20.00	220.00			
10	165	张小军	930.00	850.00	1780.00					142.40	35.60	17.80	195.80			
11	180	李子丹	780.00	680.00	1460.00					116.80	29.20	14.60	160.60			
12	193	杨辉	680.00	530.00	1210.00					96.80	24.20	12.10	133.10			
13	170	赵林	590.00	630.00	1220.00					97.60	24.40	12.20	134.20			
14	150	王小佳	685.00	550.00	1235.00					98.80	24.70	12.35	135.85			
15	合计															

图3-5-7 计算住房公积金

四、计算津贴补贴

“津贴补贴”为津贴系数与津贴基数之积。

(1)在职工津贴表中的E4单元格输入公式“= C4*D4”,如图3-5-8所示。

(2)拖动填充柄即可算出其余职工的津贴补贴,并求出合计,职工津贴表计算结果如图3-5-9所示。

	A	B	C	D	E
1	职工津贴表				
2	部门名称:	计算机系			月份: 1月
3	职工号	姓名	津贴系数	津贴基数	津贴补贴
4	012	张明	3	1300	=C4*D4
5	039	许姗姗	1.5	1300	
6	066	刘东升	1.6	1300	
7	106	魏小军	1.1	1300	
8	112	金玲	1.2	1300	
9	165	张小军	1.1	1300	
10	180	李子丹	1.1	1300	
11	193	杨辉	1	1300	
12	170	赵林	0.8	1300	
13	150	王小佳	0.9	1300	
14	合计				

图3-5-8　计算职工津贴表中的“津贴补贴”

	A	B	C	D	E
1	职工津贴表				
2	部门名称:	计算机系			月份: 1月
3	职工号	姓名	津贴系数	津贴基数	津贴补贴
4	012	张明	3	1300	3900.00
5	039	许姗姗	1.5	1300	1950.00
6	066	刘东升	1.6	1300	2080.00
7	106	魏小军	1.1	1300	1430.00
8	112	金玲	1.2	1300	1560.00
9	165	张小军	1.1	1300	1430.00
10	180	李子丹	1.1	1300	1430.00
11	193	杨辉	1	1300	1300.00
12	170	赵林	0.8	1300	1040.00
13	150	王小佳	0.9	1300	1170.00
14	合计				17290.00

图3-5-9　职工津贴表计算结果

五、计算绩效工资

“绩效工资”为绩效系数与绩效基数之积。

(1)计算方法与职工津贴表中的“津贴补贴”类似,请同学们自行完成。

(2)计算结果如图3-5-10所示。

	A	B	C	D	E
1	职工绩效工资表				
2	部门名称:计算机系				月份: 1月
3	职工号	姓名	绩效系数	绩效基数	绩效工资
4	012	张明	2.5	1500	3750.00
5	039	许姗姗	1.5	1500	2250.00
6	066	刘东升	1.6	1500	2400.00
7	106	魏小军	1.3	1500	1950.00
8	112	金玲	1.2	1500	1800.00
9	165	张小军	1.1	1500	1650.00
10	180	李子丹	1.4	1500	2100.00
11	193	杨辉	1	1500	1500.00
12	170	赵林	0.9	1500	1350.00
13	150	王小佳	0.8	1500	1200.00
14	合计				19950.00

图3-5-10　职工绩效工资表计算结果

六、计算缺勤扣款

按规定职工病假一天扣20元,事假一天扣50元,旷工一天扣200元。

(1)在F5单元格输入公式“= C5*20+D5*50+E5*200”,计算结果如图3-5-11所示。

(2)拖动填充柄即可算出其余职工的“缺勤扣款”金额,并计算出缺勤扣款的合计,结果如图3-5-12所示。

SUM　=C5*20+D5*50+E5*200

	A	B	C	D	E	F	G
1	职工缺勤表						
2	部门名称:计算机系					1月	
3	职工号	姓名	缺勤天数			缺勤扣款	
4			病假	事假	旷工		
5	012	张明	1			=C5*20+D5*50+E5*200	
6	039	许姗姗		2			
7	066	刘东升					
8	106	魏小军			1		
9	112	金玲					
10	165	张小军					
11	180	李子丹	1				
12	193	杨辉					
13	170	赵林					
14	150	王小佳		1			

图3-5-11　计算职工缺勤表中的“缺勤扣款”

	A	B	C	D	E	F
1	职工缺勤表					
2	部门名称:计算机系					1月
3	职工号	姓名	缺勤天数			缺勤扣款
4			病假	事假	旷工	
5	012	张明	1			20.00
6	039	许姗姗		2		100.00
7	066	刘东升				0.00
8	106	魏小军			1	200.00
9	112	金玲				0.00
10	165	张小军				0.00
11	180	李子丹	1			20.00
12	193	杨辉				0.00
13	170	赵林				0.00
14	150	王小佳		1		50.00
15	合计					390.00

图3-5-12　职工缺勤表计算结果

任务二 添加"批注"

任务描述

为便于理解工资表中数据的计算依据,需要对单元格添加批注。下面和小江一起来做一做吧!

任务实施

一、添加并编辑批注

在"养老保险"单元格(即J4单元格)中添加并编辑批注:"金额为基本工资的8%"。
(1)选中J4单元格。
(2)单击"审阅"→"新建批注",如图3-5-13所示。
(3)在出现的编辑框中输入并编辑批注内容,如图3-5-14所示。

图3-5-13 添加批注

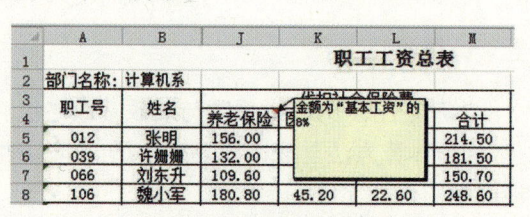

图3-5-14 输入并编辑批注内容

二、添加并编辑其他批注

(1)在"医疗保险"单元格(即K4单元格)中添加并编辑批注:金额为基本工资的2%。
(2)在"失业保险"单元格(即L4单元格)中添加并编辑批注:金额为"基本工资"的1%。
(3)在"住房公积金"单元格(即N3单元格)中添加并编辑批注:金额为"基本工资"的12%。
(4)在"缺勤扣款"单元格(即H3单元格)中添加并编辑批注:病假一天扣20元,事假一天扣50元,旷工一天扣200元。
(5)单元格添加批注后,会在相应单元格的右上角出现一个红色的小三角,如图3-5-15所示。

图3-5-15 添加批注后的单元格

> **知识窗**
> 若需要修改、删除、显示/隐藏批注，则先选中需要操作的单元格，然后选择相应的"编辑批注""删除批注""显示/隐藏批注"命令即可。若要选择上一条批注或下一条批注，则选择批注工具组中"上一条"或"下一条"批注命令即可。

任务三　引用工作表间数据

任务描述

工资的计算是一项较复杂的工作，仅用一张工作表难以完成复杂的工资计算，另外，一个单位的工资表常常由各部门分别制作后再汇总，为提高工作效率，避免重复录入，会涉及工作表间数据的引用。下面我们就来学习工作表间数据的引用。

任务实施

一、表内数据引用

（1）相对引用。当公式在复制或填入到新位置时，公式不变，单元格地址随着位置的不同而变化，它是Excel默认的引用方式，如：B1，A2:C4等。

（2）绝对引用。指公式复制或填入到新位置时，单元格地址保持不变。设置时只需在行号和列号前加"$"符号，如$B$1、$A$2:$C$4等。

（3）混合引用。指在一个单元格地址中，既有相对引用又有绝对引用，如$B1或B$1。$B1是列不变，行变化；B$1是列变化，行不变。

（4）同一工作簿中引用不同工作表间的数据，则需在引用的单元格前加上表名。如要引用津贴表中E5单元格的数据，则在目标单元格中输入"=津贴表!E5"。

二、津贴表与工资表之间数据引用

（1）将"职工津贴表"中计算出的"津贴补贴"数据引用到"职工工资总表"中的"津贴补贴"列中。在F5单元格中输入"=职工津贴表!E4"，如图3-5-16所示。

拖动填充柄将其余职工的"津贴补贴"数据引用到"职工工资总表"中的"津贴补贴"列中。

（2）将"职工绩效工资表"中计算出的"绩效工资"数据引用到"职工工资总表"中的"绩效工资"列中。在G5单元格中输入"=职工津贴表!E4"，如图3-5-17所示。

拖动填充柄将其余职工的"绩效工资"数据引用到"职工工资总表"中的"绩效工资"列中。

图3-5-16 引用职工津贴表中的数据　　　　图3-5-17 引用职工绩效工资表中的数据

（3）将"职工缺勤表"中计算出的"缺勤扣款"数据引用到"职工工资总表"中的"缺勤扣款"列中。在H5单元格中输入"=职工缺勤表!F5"，如图3-5-18所示。

拖动填充柄将其余职工的"缺勤扣款"数据引用到"职工工资总表"中的"缺勤扣款"列中。

（4）计算应发工资。"应发工资"为"基本工资""津贴补贴""绩效工资"之和减去"缺勤扣款"后的金额。在I5单元格中输入"=E5+F5+G5-H5"，如图3-5-19所示。

拖动填充柄可计算出其余职工的"应发工资"金额。

图3-5-18 引用职工缺勤表中的数据　　　　图3-5-19 计算应发工资

三、工资表与个税表之间数据引用

（1）将"职工工资总表"中计算出的"应发工资"数据引用到"个税计算表"中的"应发工资"列中。在"个税计算表"的C4单元格中输入"=职工工资总表!I5"，如图3-5-20所示。利用填充柄得到其余职工的应发工资。

图3-5-20 引用职工工资总表中的应发工资　　　　图3-5-21 引用职工工资总表中的代扣社会保险费合计

（2）将"职工工资总表"中计算出的"代扣社会保险费合计"数据引用到"个税计算表"中的

"社保"列中。在D4单元格中输入" = 职工工资总表!M5",如图3-5-21所示。利用填充柄得到其余职工的社保。

(3)将"职工工资总表"中计算出的"住房公积金"数据引用到"个税计算表"中的"住房公积金"列中。在E4单元格中输入" = 职工工资总表!N5",如图3-5-22所示。利用填充柄得到其余职工的住房公积金。

(4)计算免税所得。免税所得 = 社保+住房公积金。在F4单元格输入" = D4+E4",如图3-5-23所示。利用填充柄计算出其余职工的免税所得。

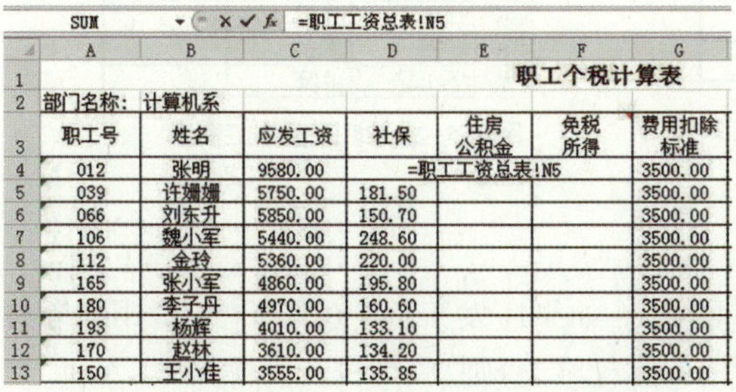

SUM =职工工资总表!N5

	A	B	C	D	E	F	G
1						职工个税计算表	
2	部门名称:	计算机系					
3	职工号	姓名	应发工资	社保	住房公积金	免税所得	费用扣除标准
4	012	张明	9580.00		=职工工资总表!N5		3500.00
5	039	许姗姗	5750.00	181.50			3500.00
6	066	刘东升	5850.00	150.70			3500.00
7	106	魏小军	5440.00	248.60			3500.00
8	112	金玲	5360.00	220.00			3500.00
9	165	张小军	4860.00	195.80			3500.00
10	180	李子丹	4970.00	160.60			3500.00
11	193	杨辉	4010.00	133.10			3500.00
12	170	赵林	3610.00	134.20			3500.00
13	150	王小佳	3555.00	135.85			3500.00

图3-5-22 引用职工工资总表中的住房公积金

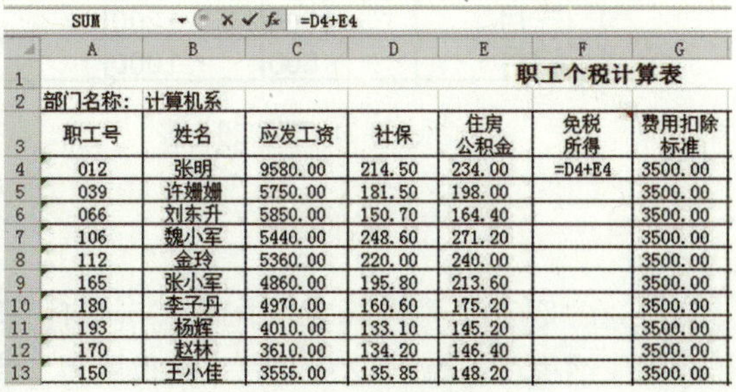

SUM =D4+E4

	A	B	C	D	E	F	G
1						职工个税计算表	
2	部门名称:	计算机系					
3	职工号	姓名	应发工资	社保	住房公积金	免税所得	费用扣除标准
4	012	张明	9580.00	214.50	234.00	=D4+E4	3500.00
5	039	许姗姗	5750.00	181.50	198.00		3500.00
6	066	刘东升	5850.00	150.70	164.40		3500.00
7	106	魏小军	5440.00	248.60	271.20		3500.00
8	112	金玲	5360.00	220.00	240.00		3500.00
9	165	张小军	4860.00	195.80	213.60		3500.00
10	180	李子丹	4970.00	160.60	175.20		3500.00
11	193	杨辉	4010.00	133.10	145.20		3500.00
12	170	赵林	3610.00	134.20	146.40		3500.00
13	150	王小佳	3555.00	135.85	148.20		3500.00

图3-5-23 计算免税所得

任务四 计算个税

任务描述

当我们的月收入超过一定的金额,我们就应缴纳个人所得税,我们在计算职工工资的时候应代扣代缴个人所得税。个税的计算比较复杂,往往需要根据不同的条件进行判断确定应纳税所得额、税率等,因此就要用到IF函数来计算个税。

任务实施

一、认识IF函数

功能:判断所给出的条件是否满足,如果满足则返回一个值,如果不满足则返回另一个值。

语法:IF(logical_test,value_if_true, value_if_false)

说明:logical_test(逻辑判断表达式)

value_if_true(表达式为真时返回的值)

value_if_false(表达式为假时返回的值)

(1)请用公式来检测一月份是否出现预算超支。

判断一月份是否出现预算超支可在D2单元格中输入公式:" = IF(B2>C2,"是","否")",如图3-5-24所示。

(2)在如图3-5-25所示的职工基本工资表中,请按要求计算基本工资。

若职称为高讲,则基本工资为1500元;若职称为讲师,则基本工资为1200元;若职称为助讲,则基本工资为1000元。计算张敏的基本工资,则在C3单元格中输入公式:"=IF(B3="高讲",1500,IF(B3="讲师",1200,1000))"

图3-5-24 预算超支表

图3-5-25 职工基本工资表

二、使用IF函数计算代扣个税

(1)在"职工个税计算表"中计算"应纳税所得额"。如果应发工资>免税所得+费用扣除标准,则:应纳税所得额=应发工资-免税所得-费用扣除标准,否则,应纳税所得额=0。

在H4单元格中输入"=IF(C4-F4-G4>0,C4-F4-G4,0)",如图3-5-26所示。利用填充柄计算出其余职工的应纳税所得额。

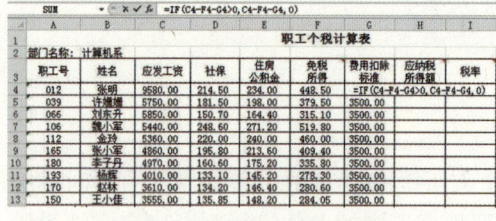

图3-5-26 计算应纳税所得额

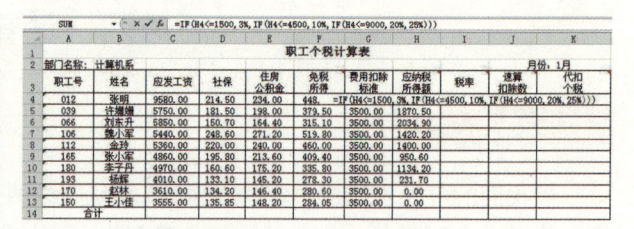

图3-5-27 计算税率

(2)在"职工个税计算表"中计算"税率"。应纳税所得额在1500元(含)以内,税率为3%;应纳税所得额在1500元以上,4500元(含)以内,税率为10%;应纳税所得额在4500元以上,9000元(含)以内,税率为20%;应纳税所得额在9000元以上,税率为25%。

在I4单元格中输入:=IF(H4<=1500,3%,IF(H4<=4500,10%,IF(H4<=9000,20%,25%))),如图3-5-27所示。利用填充柄计算出其余职工的税率。

> **知识窗**
>
> 当逻辑判断给出的条件多于两个时,通常采用IF函数嵌套,即将一个IF函数的返回值作为另一个IF函数的参数。

(3)在"职工个税计算表"中计算"速算扣除数"。应纳税所得额在1500元(含)以内,速算扣除数为0;应纳税所得额在1500元以上,4500元(含)以内,速算扣除数为105;应纳税所得额在4500元以上,9000元(含)以内,速算扣除数为555;应纳税所得额在9000元以上,速算扣除数为1005。

在J4单元格中输入:=IF(H4<=1500,0,IF(H4<=4500,105,IF(H4<=9000,555,1005))),如

图3-5-28所示。利用填充柄计算出其余职工的速算扣除数。

(4)在"职工个税计算表"中计算"代扣个税"。代扣个税=应纳税所得额*税率-速算扣除数。

在K4单元格中输入：=H4*I4-J4，如图3-5-29所示。利用填充柄计算出其余职工的代扣个税并计算出合计，结果如图3-5-30所示。

图3-5-28 计算速算扣除数

图3-5-29 计算代扣个税

图3-5-30 职工个税计算结果

图3-5-31 引用职工个税计算表中的代扣个税

三、职工个税计算表与职工工资总表之间数据引用

(1)将"职工个税计算表"中计算出的"代扣个税"单元格数据引用到"职工工资总表"中的"代扣个税"列中。

(2)在"职工工资总表"的O5单元格中输入：=职工个税计算表!K4，如图3-5-31所示。

(3)利用填充柄计算出其余职工的代扣个税。

四、计算"职工工资总表"中"实发工资"。

实发工资=应发工资-代扣社会保险合计-住房公积金-代扣个税

(1)在"职工工资总表"的P5单元格中输入：=I5-M5-N5-O5，如图3-5-32所示。

(2)利用填充柄计算出其余职工的实发工资并计算出工资总表的所有合计，计算结果如图3-5-33所示。

图3-5-32 计算实发工资

图3-5-33 职工工资总表计算结果

项目小结

通过本项目的学习，小江熟练掌握了 Excel 2010 公式和函数的使用、批注的添加、工作表间单元格数据的引用以及 IF 函数的使用。其中，IF 函数的使用是本项目的重点和难点，还需要小江在平时多练习，认真领会和掌握。

学以致用

（1）如图 3-5-34，如果"奖金计算表"中的"奖金总额"按照本企业的相关规定应为"工作总量"乘以"奖金比例"，请编辑公式计算奖金总额。

图 3-5-34　奖金计算表

图 3-5-35　小学算术练习题批改

（2）如图 3-5-35 所示，请使用公式和函数对表中计算结果正确与否进行批改。

作为一名中职学校的学生，不仅要有科学文化知识，还要具备一定的操作能力，见素材/模块三/项目五/学生成绩统计.xlsx，请你统计出学生理论和实训的综合成绩。

（3）打开素材/模块三/项目五/城市环境质量综合评估.xlsx，按其中的要求完成表格中数据的计算。

项目六 便捷的商品销售数据统计表

学习目标

(1) 能根据需要冻结窗格。
(2) 会使用 VLOOKUP 函数。
(3) 会对数据进行分类汇总。

项目介绍

小江利用暑假时间在超市做兼职，他想利用 Excel 2010 软件完成商品销售表的"销售额""毛利润"等数据的计算、分类和汇总，为超市的数据分析提供便捷，方便超市管理，效果如图 3-6-1 所示。

销售日期	所在区域	店名	奶制品名称	数量	单位	进价	售价	销售额	毛利润
12月18日	秋林区	新世界秋林路一店	新田纯牛奶(250ml)	60	盒	2.80	3.50	210	42
12月18日	秋林区	新世界秋林路一店	佳利低脂高钙奶(250ml)	30	盒	2.80	3.80	114	30
12月18日	秋林区	新世界秋林路一店	新田低脂高钙奶(250ml)	64	盒	3.50	4.80	307.2	83.2
12月18日	秋林区	新世界秋林路一店	新田真果粒(250ml)	66	盒	3.80	5.50	363	112.2
12月18日	秋林区	新世界秋林路一店	新田酸酸乳(250ml)	84	盒	2.20	3.20	268.8	84
12月18日	秋林区	新世界秋林路一店	好友老酸奶	69	杯	4.00	5.50	379.5	103.5
12月18日	秋林区	新世界秋林路一店	好友芦荟酸奶(220g)	81	盒	2.80	3.50	283.5	56.7
12月18日	秋林区	新世界秋林路一店	好友纯牛奶(250ml)	96	盒	2.60	3.20	307.2	57.6
12月18日	秋林区	新世界秋林路一店	好友袋装纯牛奶(250ml)	89	袋	2.20	3.00	267	71.2
12月18日	秋林区	新世界秋林路一店	好友核桃花生奶	98	袋	2.30	3.00	294	68.6
12月18日	秋林区	新世界秋林路一店	佳利早餐奶(250ml)	98	盒	2.60	3.80	372.4	117.6
12月18日	秋林区	新世界秋林路一店	好友铁锌钙奶	60	袋	2.30	3.00	180	42
12月18日	秋林区	新世界秋林路一店	佳利营养舒化奶(250ml)	73	盒	2.90	4.90	357.7	146
12月18日	秋林区	新世界秋林路一店	佳利纯牛奶(250ml)	76	盒	2.60	3.90	296.4	98.8
12月18日	秋林区	新世界秋林路一店	佳利金典纯牛奶(250ml)	89	盒	3.30	5.80	516.2	222.5
12月18日	秋林区	新世界秋林路一店	佳利复合颗粒酸牛奶	86	杯	2.80	3.90	335.4	94.6
12月18日	秋林区	新世界秋林路一店	佳利优酸乳	49	盒	2.20	3.80	186.2	78.4
12月18日	秋林区	新世界秋林路二店	新田纯牛奶(250ml)	55	盒	2.80	3.50	192.5	38.5

图 3-6-1 新世界连锁超市奶制品销售数据汇总

项目任务

任务一　冻结标题和表头

任务描述

在实际工作中,有的工作表非常大,如图3-6-1所示的"销售记录"工作表中的数据有170条,若要查看更多的数据,就要向下翻页,这时就看不见表头了。为了方便浏览信息,可以将标题和表头冻结,随着窗口内容的下移,标题和表头就会固定在指定的位置。

任务实施

一、冻结窗格

(1)在"销售记录"工作表中选定"A3"单元格。

(2)该单元格的左上角将成为冻结点→选择"视图"菜单→"冻结窗格"→"冻结拆分窗格"命令,完成窗格的冻结,如图3-6-2所示。

二、取消冻结窗格

(1)拖动垂直滚动条,可以看到滚动条移动后部分行消失,标题行及表头行却固定在原位置。

(2)若要使窗口还原,可再次选择"视图"菜单→"冻结窗格"→"取消冻结拆分窗格"命名,如图3-6-3所示。

图3-6-2　冻结窗格　　　　　　　图3-6-3　取消冻结窗格

任务二　处理数据

任务描述

统计"销售记录统计表"的"销售额""毛利润",如图3-6-4所示。在"奶制品价格表"中去查找每种奶制品的"进价"和"售价",如图3-6-5所示。

图3-6-4　销售记录统计表

图3-6-5　奶制品价格表

任务实施

一、认识函数VLOOKUP

(1)功能。查找数据区域首列满足条件的元素,并返回数据区域当前行中指定列处的值。

(2)格式。VLOOKUP(lookup_value,table_array,col_index_num,range_lookup)。

(3)参数"lookup_value"指查找的内容;参数"table_array"指查找的区域;参数"col_index_num"指查找区域中的第几列;参数"range_lookup"指精确查找或模糊查找,FALSE表示是模糊查找,TRUE或忽略表示是精确查找。

要查找的对象(参数1)一定要定义在查找数据区域(参数2)的第1列。

二、使用函数VLOOKUP

(1)在"销售记录表"中创建"单位"的查找公式。

(2)在"销售记录表"的F2单元格中输入公式:"= VLOOKUP(D2,奶制品价格表!$B$2:$E$18,2,FALSE)。

(3)使用同样的方法可获得奶制品的进价及售价。

三、计算销售表中各条销售记录的"销售额""毛利润"

(1)销售记录工作表中的"销售额"是指各条记录的销售金额。

(2)"毛利润"是指销售金额减去购进金额的差值。因此,只需按照相应的数学关系列出计算式、输入公式即可。

151

任务三　统计销售额

任务描述

如果要知道哪家超市、哪个片区或哪种奶制品的销量大、销售额大或毛利润高,就要分别按不同的超市、不同的片区、不同的奶制品对销售数量、销售额、毛利润进行求和。这是一个工作量很大的任务,不过使用了Excel提供的"分类汇总"功能,就容易多了。

任务实施

一、更名表格

(1)建立"销售记录"工作表的副本。
(2)将其改名为"各种奶制品销售汇总"。

二、排序数据

(1)打开"各种奶制品销售汇总"工作表→选中"奶制品名称"列的任一单元格。
(2)选择"数据"菜单→单击升序 或降序 按钮。

三、分类汇总

(1)选择"数据"菜单中"分类汇总"命令,在打开的"分类汇总"对话框中(如图3-6-6),"分类字段"选择"奶制品名称",汇总项选择"数量""销售额""毛利润",汇总方式选择"求和",再点击"确定"按钮。
(2)结果如图3-6-7所示,得到"各种奶制品销售汇总"数据。

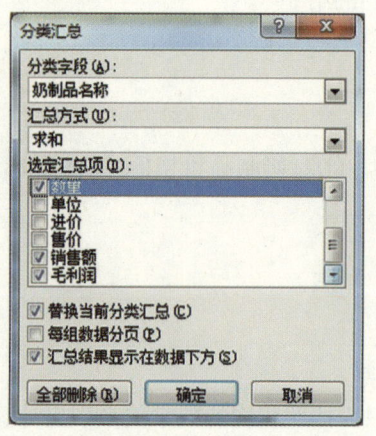

各种奶制品销售汇总

奶制品名称	数量	单位	进价	售价	销售额	毛利润
好友纯牛奶(250ml) 汇总	613				¥ 1,961.60	¥ 367.80
好友袋装纯牛奶(250ml) 汇总	486				¥ 1,458.00	¥ 388.80
好友核桃花生奶 汇总	471				¥ 1,413.00	¥ 329.70
好友老酸奶 汇总	475				¥ 2,612.50	¥ 712.50
好友芦荟酸奶(220g) 汇总	493				¥ 1,725.50	¥ 345.10
好友铁锌钙奶 汇总	522				¥ 1,566.00	¥ 365.40
佳利纯牛奶(250ml) 汇总	745				¥ 2,905.50	¥ 968.50
佳利低脂高钙奶(250ml) 汇总	426				¥ 1,618.80	¥ 426.00
佳利复合颗粒酸牛奶(125g) 汇总	402				¥ 1,567.80	¥ 442.20
佳利金典纯牛奶(250ml) 汇总	503				¥ 2,917.40	¥ 1,257.50
佳利营养舒化奶(250ml) 汇总	469				¥ 2,298.10	¥ 938.00
佳利优酸乳 汇总	495				¥ 1,881.00	¥ 792.00
佳利早餐奶(250ml) 汇总	579				¥ 2,200.20	¥ 694.80
新田纯牛奶(250ml) 汇总	564				¥ 1,974.00	¥ 394.80
新田低脂高钙奶(250ml) 汇总	465				¥ 2,232.00	¥ 604.50
新田酸酸乳(250ml) 汇总	487				¥ 1,558.40	¥ 487.00
新田真果粒(250ml) 汇总	455				¥ 2,502.50	¥ 773.50
总计	8650				¥ 34,392.30	¥ 10,288.10

图3-6-6　分类汇总

图3-6-7　各种奶制品的销售汇总表

四、其他数据分类汇总

参照以上的方法。创建按不同的超市门店及不同的区域汇总的奶制品销售数据表。

> **知识窗**
>
> 分类汇总:是指对工作表中的某一项数据进行分类,再对分类后的数据进行汇总。
>
> 分类汇总含有两个意思,一是按什么分类,如本任务中或按店名或区域或奶制品名称分类;二是对什么汇总,如本任务中可按销售数量或销售额或毛利润进行汇总。汇总的方式也有"求和""平均值"等选项。
>
> 特别要注意的是在分类汇总前先要对分类字段进行排序。

项目小结

本项目主要介绍了冻结表头的方法,查找与引用函数VLOOKUP的应用,分类汇总功能的使用,小江已经熟练掌握了以上内容。在操作过程中,还有需要注意的是使用VLOOKUP函数时,要正确定义数据区域,一定要把查找的内容定义在数据区域的首列,在进行分类汇总时,必须先对分类字段行进行排序。

学以致用

(1)打开素材/模块三/项目六/部分产品销售额,按以下要求进行操作。
①对"部分产品销售额"表格建立三个副本。
②在第一个副本中,对各商场的销售额进行汇总,汇总方式:求和。
③在第二个副本中,对不同的产品的销售额进行汇总,汇总方式:求平均值。
④在第三个副本中,对不同的产地的销售额进行汇总,汇总方式:求最大值。

(2)打开素材/模块三/项目六/学生期末考试总成绩表,这是某年级的学生三学期的总成绩表,该表表单记录多,一页显示不完,为了便于浏览信息,请你首先冻结表头。由于学生人数众多,若想在其中查找某一学生在这三学期中的成绩,非常不方便,试试以下方式:我们可否在D101单元格中输入学生姓名,即可在单元格D102、D103、D104中显示该学生的成绩。

在单元格D102、D103、D104中使用VLOOKUP函数。

(3)打开素材/模块三/项目六/商品销售业绩,这是某家电商场某月度部分家电产品的销售记录,请按以下要求完成对商品销售业绩的分析:

①使用"家电价格表"中的信息完成"月度销售业绩表"中的数据录入。

②完成"月度销售业绩表"中的销售金额及毛利润的计算。

模块四

中文 Power Point 2010 演示文稿

Power Point 2010 是 Microsoft Office 2010 办公套装软件中的一个重要组成部分，专门用于设计、制作信息展示等领域的各种电子演示文稿。Power Point 2010 提供了丰富和强大的新功能，让我们一起走进 Power Point 2010，领略其演示文稿的风采。

项目一　飞扬的青春

（1）能快速创建演示文稿。
（2）能在占位符中输入和编辑文字。
（3）能插入图片并进行编辑。
（4）掌握艺术字的插入和编辑方法。
（5）插入文本框并输入和编辑文字。

学习目标

项目介绍

小江要组织一次有关梦想的主题班会，让同学们畅谈梦想，认识梦想的重要性，引导学生树立梦想。小江利用Power Point 2010软件制作主题班会演示文稿，效果如图4-1-1所示。

图4-1-1　主题班会演示文稿样例

模块四　中文 Power Point 2010 演示文稿

项目任务

任务一　新建演示文稿

任务描述

学习如何创建一个自己喜爱的新的演示文稿。

任务实施

一、新建空白演示文稿

(1)启动 Power Point 2010 后,系统将自动新建一个文件名为"演示文稿1"的空白演示文稿,如图4-1-2所示。

(2)如果还需要另外新建一个空白演示文稿,有如下方法:

①利用快速访问工具栏按钮。操作步骤如下:单击快速访问工具栏按钮 ,Power Point 将会新建一个空白演示文稿。

②利用"文件"菜单命令。操作步骤如下:单击"文件"→"新建"→"可用模板和主题"→"空白演示文稿"→"创建",如图4-1-3所示。

图4-1-2　新建空白演示文稿　　　　图4-1-3　利用"文件"菜单命令新建空白演示文稿

二、选择自己喜爱的主题

(1)单击"设计"→"展开"按钮,选择主题。如图4-1-4、图4-4-5所示。

图4-1-4　选择主题

157

(2)打开"所有主题"→单击自己喜爱的风格的主题,如图4-1-5所示。

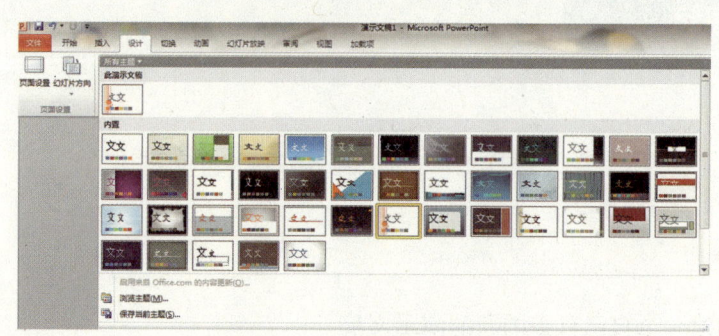

图4-1-5　选择喜欢的主题

任务二　设计首页效果

> 任务描述

设计首页幻灯片,即制作"标题幻灯片",显示演讲的主题及作者。

> 任务实施

一、添加标题、副标题

(1)添加标题。单击"单击此处添加标题",如图4-1-6所示。
(2)输入标题。在光标提示位置输入"飞扬的青春",如图4-1-7所示。
(3)添加副标题。按照添加标题的方法,输入副标题"计算机一年级2班",如图4-1-8所示。

图4-1-6　添加标题　　　　图4-1-7　输入标题　　　　图4-1-8　添加副标题

二、编辑标题、副标题

(1)选中标题文字"飞扬的青春",单击"开始"→"字体",设置字体为"华文行楷",字号为"54磅",文字颜色为"红色"。
(2)选中副标题文字"计算机一年级2班",单击"开始"→"字体",设置字体为"宋体",字号为"24磅",文字颜色为"黑色"。

模块四　中文 Power Point 2010 演示文稿

（3）适当调整标题、副标题的位置，使其看起来更美观，如图4-1-9所示。

这样，简单的文章封面就完成了。

图4-1-9　首页幻灯片效果

任务三　添加图文内容

任务描述

根据设计，一个完整的演示文稿是由多张幻灯片组成，随着内容的增加必须添加新的幻灯片。本内容共设计4张幻灯片。

任务实施

一、添加新幻灯片

单击"新建幻灯片"→"空白"，即可创建如图4-1-10所示幻灯片。

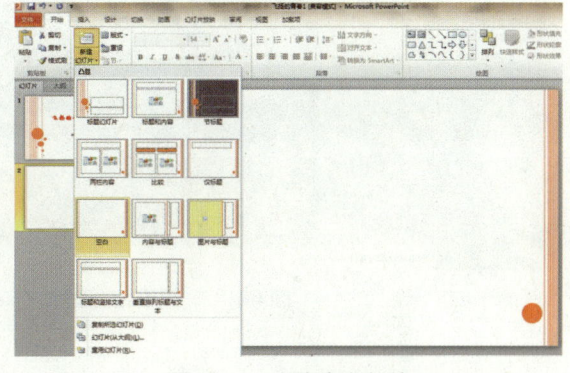

图4-1-10　添加新幻灯片

二、添加图文内容（制作图文并茂的幻灯片）

1. 制作第二张幻灯片

插入背景图片。单击"插入"→"图片"→选择"学生素材/模块四/项目一/背景图片1.jpg"，如图4-1-11所示。

（1）插入图片。单击"插入图片"对话框中的"插入"按钮，即可将选中的图片插入幻灯片，如图4-1-12所示。

（2）编辑图片。插入图片后，通过拖拽图片，可以改变图片的位置；选中图片，通过拖动图片的控制点，可以改变图片的大小，如图4-1-13所示。

（3）插入艺术字。单击"插入"，点击"艺术字"下侧的三角形按钮，在弹出的列表中选择一种艺术字样式（艺术字列表中第3行第4列），如图4-1-14所示。单击"请在此放置您的文字"框，在光标提示处输入文字"给梦想插上翅膀"，如图4-1-15、图4-1-16所示。

159

图4-1-11　选择背景图片

图4-1-12　插入图片

图4-1-13　编辑后的图片

图4-1-14　选择艺术字样式

图4-1-15　文字输入框

图4-1-16　输入艺术字

160

模块四　中文Power Point 2010演示文稿

(4)编辑艺术字。设置字体为"华文楷体",字号为"72号",字体颜色为"红色";形状效果为"三维旋转"→"平行"→"等轴右上",如图4-1-17、图4-1-18所示。

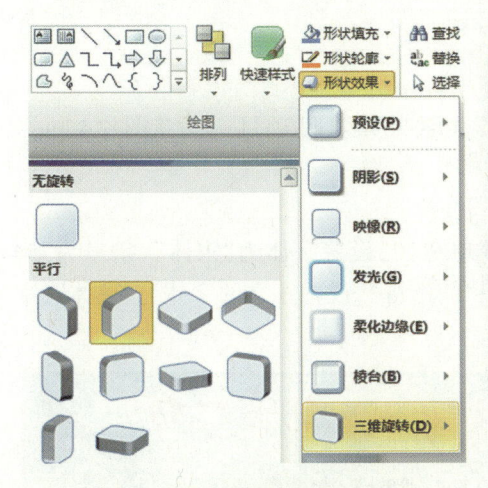

图4-1-17　设置艺术字形状效果　　　　　　　　图4-1-18　编辑后的艺术字效果

2.制作第三张幻灯片

(1)插入背景图片。单击"插入"→"图片",选择"学生素材/模块四/项目一/背景图片2.jpg",并对图片进行编辑。

(2)插入艺术字。单击"插入"→"艺术字",选择"艺术字"列表中第4行第3列,输入"畅谈梦想",设置字体为"华文行楷",字号为"72号";再选择"艺术字"列表中第6行第3列,输入艺术字"我的梦想是:",设置字体为"华文楷体",字号为"72号",效果如图4-1-19所示。

图4-1-19　第三张幻灯片效果　　　　　　　　图4-1-20　第四张幻灯片效果

3.制作第四张幻灯片

(1)插入背景图片。单击"插入"→"图片"→选择"学生素材/模块四/项目一/背景图片3.jpg",并对图片进行编辑。

161

（2）插入文本框，输入文本。打开"学生素材/模块四/项目一/一个女孩子的梦想.doc"进行输入。设置标题的字体为"华文行楷"，字号为"32号"，颜色为"红色"；设置正文的字体为"楷体"，字号为"28号"，颜色为"绿色"，效果如图4-1-20所示。

4.制作第五张幻灯片

（1）插入背景图片。单击"插入"→"图片"→选择"学生素材/模块四/项目一/背景图片4.jpg"，并对图片进行编辑。

（2）插入文本框。输入文本内容，如图4-1-21所示。

（3）设置字体格式。输入标题为"大声说出你的梦想吧！"，设置字体为"宋体"，字号为"54号"，颜色为"红色"，形状效果为"三维旋转"→"透视"→"前透视"；设置正文的字体为"黑体"，字号为"24号"，颜色为"黑色"，效果如图4-1-22所示。

图4-1-21　输入文本内容　　　　　　　　图4-1-22　第五张幻灯片效果

任务四　设计结束页

任务描述

演示文稿一般都有封面、正文和结束页。现在，请设计一张结束页。

任务实施

一、插入背景图片

（1）插入背景图片。单击"插入"→"图片"，选择"学生素材/模块四/项目一/背景图片5.jpg、背景图片6.jpg、背景图片7.jpg"，并对图片进行编辑，如图4-1-23所示。

（2）插入艺术字"谢谢观看"。选择"艺术字"下拉列表第1行第2列，设置字体为"华文中宋"，字号为"80号"。

162

模块四　中文 Power Point 2010 演示文稿

(3) 设置艺术字格式。根据自己的喜好,适当调整文本填充、文本轮廓等设置。设置艺术字的形状为"三维旋转"→"等轴右上"。适当调整艺术字的大小和位置。

二、保存文件

(1) 单击"文件"→"保存"。
(2) 最终结束页效果如图 4-1-24 所示。

图 4-1-23　幻灯片背景设置

图 4-1-24　结束页效果

项目小结

在本项目中,小江制作了一个"飞扬的青春"主题班会演示文稿,学习了创建演示文稿,熟练掌握了在幻灯片中插入各类对象(如图片、艺术字、文本等)的方法,能熟练设置各类对象的大小、样式、排列、效果等。

学以致用

(1) 新学期开学,班级要举行一次以"自我介绍"为主题的班会,要求制作 PPT 进行介绍。具体要求:不少于五张幻灯片,内容包含自己的简历、兴趣爱好、特长、理想等;格式、版面布局合理;至少有 3~5 张图片;能运用艺术字进行美化;等等。
(2) 运用所学知识,自拟主题,上网搜集资料,运用模板制作一个多媒体演示文稿。

项目二　精美的电子相册

（1）能快速创建电子相册。
（2）能选择不同的主题模板美化电子相册。
（3）会设置动画。
（4）会在幻灯片中插入音频和视频。
（5）会创建交互式演示文稿。
（6）会放映幻灯片。

项目介绍

小江暑假跟着父母去川西旅游了一趟，拍摄了好多漂亮的风景照片。小江想把这些照片制作成动感电子相册与同学们进行分享，效果如图4-2-1所示。

图4-2-1　电子相册效果

模块四　中文 Power Point 2010 演示文稿

项目任务

任务一　新建相册

任务描述

新建相册,并调整所有图片的顺序,放入相册中。

任务实施

一、新建相册

(1)新建一个 Power Point 文档,单击"插入"→"相册"→"新建相册",如图4-2-2所示。

(2)打开"相册"对话框(如图4-2-3所示),单击"文件/磁盘"按钮,在"素材/模块四/项目二"找到照片,用鼠标单击任意一张图片,再按键盘【Ctrl】+【A】键全选图片,点"插入",如图4-2-4所示。

图4-2-2　新建相册

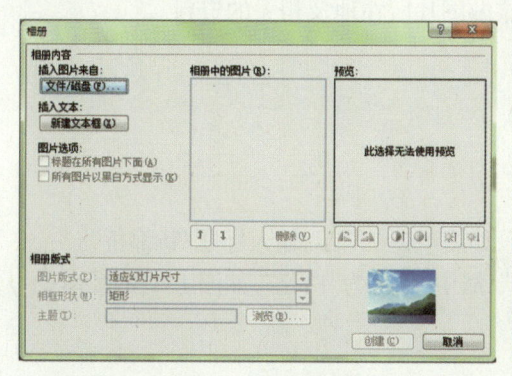

图4-2-3　"相册"对话框

图4-2-4　将照片导入相册

知识窗

可以一张一张地选择图片;也可以在按住【Shift】键的同时,进行连续多选;还可以在按住【Ctrl】键的同时,进行不规则多选;特别的是,按【Ctrl】+【A】键为全选。

二、完成创建相册

(1)单击"相册中的图片"对话框中的照片,通过按 键,调整一下照片的先后顺序,顺序

165

如图4-2-5中"A"处所示。

(2)在"图片版式"下拉列表中选择"1张图片(带标题)";在"相框形状"下拉列表中,选择"简单框架,白色"选项;单击"主题"右边的"浏览"按钮,选择"主题"为"Horizon",单击"创建"按钮,如图4-2-5中"B"处所示。完成效果如图4-2-6所示。

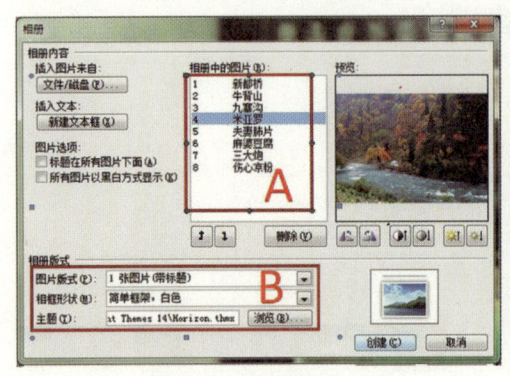

图4-2-5　设置图片版式

图4-2-6　完成效果

任务二　添加文字说明

任务描述

为图片添加标题及说明文字,让观看者了解旅游图片所在地及相关的资料。

任务实施

一、设置标题文字

(1)选择第2张幻灯片,单击"单击此处添加标题",如图4-2-7所示,输入标题"新都桥"。
(2)设置字体为"方正姚体"(标题),字号为"30号",居中,颜色为"白色",如图4-2-8所示。

图4-2-7　添加标题

图4-2-8　标题文字设置

二、调整位置

分别选择标题和图片,将位置稍向上调节,便于下方添加说明文字,效果如图4-2-9所示。

图4-2-9　调整标题和图片的位置　　　　　　图4-2-10　输入说明文字

三、添加说明文字

(1)单击"插入"→"文本框"→"横排文本框",按住鼠标左键不放,在图片下方拉出一个与图片宽度一致的矩形框,并录入说明文字"新都桥又称……",效果如图4-2-10所示。

(2)选中说明文字,设置字体为" Adobe 楷体 Std R",字号为"18号",并单击"行距"按钮,选择"行距选项",如图4-2-11所示;在弹出的"段落"对话框中将行距设为"固定值20磅",设置如图4-2-12所示。

图4-2-11　文字设置　　　　　　图4-2-12　文字行距

(3)选中说明文字"新都桥",单击"快速样式"按钮,选择"浅色1轮廓,彩色填充-黑色,深色1"按钮,如图4-2-13所示,效果如图4-2-14所示。

(4)依照同样的方法,给其他图片也添加相应的文字。(文字可从"素材/模块四/项目二/旅游资料.docx"文件中复制)

(5)回到第一张幻灯片,将相册标题改为"旅游相册",副标题改为"最好的风景,永远在路上"。标题字体为"方正姚体"(标题),字号为"32号",颜色为"白色";副标题字体为"方正姚体"(标题),字号为"17号",颜色为"黄色",如图4-2-15所示。

(6)完成后,单击菜单栏"视图",单击"幻灯片浏览"按钮,效果如图4-2-16所示。

167

图4-2-13　设置文本框填充颜色 　　　　　图4-2-14　添加快速样式效果

图4-2-15　相册标题 　　　　　　　　　图4-2-16　幻灯片浏览

任务三　设置效果

任务描述

为每一张幻灯片添加切换效果及设置对象的动画,使相册看起来具有动感。

任务实施

一、设置幻灯片切换效果

(1)单击"视图"→"普通视图",回到幻灯片的编辑状态。

(2)选择第二张幻灯片,单击菜单栏"切换",并单击如图4-2-17所示的红圈处,在弹出的众多切换效果中选择"飞过"效果。

模块四　中文Power Point 2010演示文稿

图4-2-17　调出切换效果

（3）单击"效果选项"按钮，在弹出的下拉菜单中选择"弹跳切入"效果，声音选择"风铃"，持续时间为"00.50"，换片方式为默认"单击鼠标时"，设置如图4-2-18所示。

图4-2-18　设置切换效果

（4）按照类似的方法，给其他幻灯片依次设置切换方式。（切换效果任意选择；也可单击"全部应用"按钮，所有幻灯片采用同一种切换方式）

知识窗

幻灯片切换效果是在演示期间从一张幻灯片移到下一张幻灯片时在"幻灯片放映"视图中出现的动画效果。用户可以控制切换效果的速度，添加声音，甚至还可以对幻灯片切换效果的属性进行自定义。

二、设置单个动画效果

（1）选择第三张幻灯片，框选出幻灯片中的所有元素（包括图片和文字），如图4-2-19所示。单击菜单栏"动画"，选择"飞入"效果，单击"效果选项"按钮，选择"自左侧"，开始为"与上一动画同时"，设置如图4-2-20所示。

（2）单击"预览"按钮，即可观看动画效果。

169

图4-2-19　选中所有元素　　　　　　　　图4-2-20　设置动画

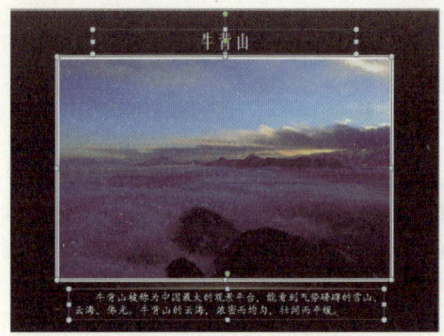

> **知识窗**
>
> 幻灯片内的元素添加了动画后,系统自动在元素的左上角添加一个编号,表示动画的次序。
> Power Point 2010中有以下4中不同类型的动画效果:
> (1)"进入"效果。单击菜单栏"动画"→"进入"或"更多进入效果",都是自定义动画对象的出现方式,表示元素进入幻灯片的方式。
> (2)"强调"效果。表示元素突出显示的效果,这些效果包括使对象缩小或放大、更改颜色或沿着其中心旋转等。
> (3)"退出"效果。与"进入"效果类似但是相反,表示元素退出幻灯片的动画效果,如让元素飞出幻灯片、从视图中消失或者从幻灯片旋出等。
> (4)"动作路径"效果。根据形状或者直线、曲线的路径来展示对象游走的路径。使用这些效果可以使对象上下移动、左右移动或者沿着星形或圆形图案移动(与其他效果一起)。

三、添加多个动画效果

(1)选择第六张幻灯片,双击图片,在菜单栏"格式"中选择"棱台透视",如图4-2-21所示。

(2)选中标题"夫妻肺片",单击菜单栏"动画",并单击"其他",如图4-2-22所示,在"进入"效果中选择"缩放",如图4-2-23所示。

(3)选中图片,选择"进入"效果中的"弹跳",如图4-2-24所示。

(4)选中"说明文字",选择"进入"效果中的"浮入",再选择"强调"效果中的"波浪形",如图4-2-25所示。

图4-2-21　设置图片格式

170

模块四　中文 Power Point 2010 演示文稿

图 4-2-22　"进入"图片样式

图 4-2-23　设置"缩放"动画

图 4-2-24　设置"弹跳"动画

图 4-2-25　设置"说明文字"的动画

知识窗

动画设置好后，可以对动画的播放状态进行设置，如图 4-2-26 所示。

动画设置好后，系统会为幻灯片中的各元素根据先后顺序添加一个编号，动画顺序可选中编号后，单击红框处调整顺序，如图 4-2-27 所示。

还可以单击"动画窗格"，在动画窗格中，直接拖动来改变动画顺序，如图 4-2-28 所示。

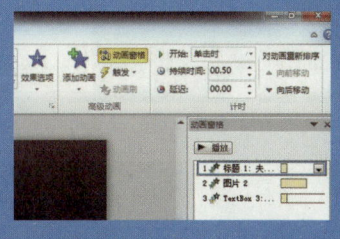

图 4-2-26　设置动画的播放状态　　图 4-2-27　调整动画顺序（一）　　图 4-2-28　调整动画顺序（二）

（5）单击"动画窗格"面板中的"图片 2"按钮处，在弹出的下拉菜单中选择"效果选项"，如图 4-2-29 所示，在"弹跳"面板中选择声音为"照相机"，如图 4-2-30 所示。

图 4-2-29　选择"效果选项"　　图 4-2-30　设置动画声音

依照同样的方法，根据需要设置其他幻灯片的动画效果。

171

任务四　添加音乐

任务描述

随着相册的播放，再配上一段优美的音乐，将是一种听觉、视觉的享受，更容易吸引观众。

任务实施

一、插入音频

(1) 选择第一张幻灯片，单击"插入"→"音频"，选择"文件中的音频"，如图4-2-31所示。

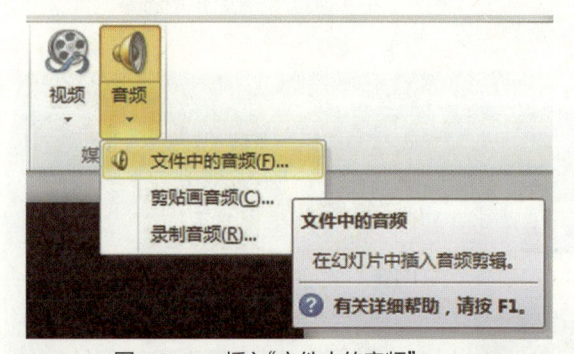

图4-2-31　插入"文件中的音频"

图4-2-32　插入音频对话框

(2) 在弹出的"插入音频"对话框中，选择插入"素材/模块四/项目二/背景音乐"，如图4-2-32所示。

(3) 在幻灯片中出现一个喇叭的标志，表示音频已经插入至幻灯片。用鼠标指向喇叭标志，会出现播放条，可单击"播放"按钮进行试听，如图4-2-33所示。

图4-2-33　试听音频

二、设置音频

(1) 音频插入后，选中喇叭图标。
(2) 单击菜单栏"播放"，设置开始为"跨幻灯片播放"，勾选"循环播放，直到停止"和"播完返回开头"，设置淡入为"00.25"，淡出为"00.25"，如图4-2-34所示。

模块四 中文 Power Point 2010 演示文稿

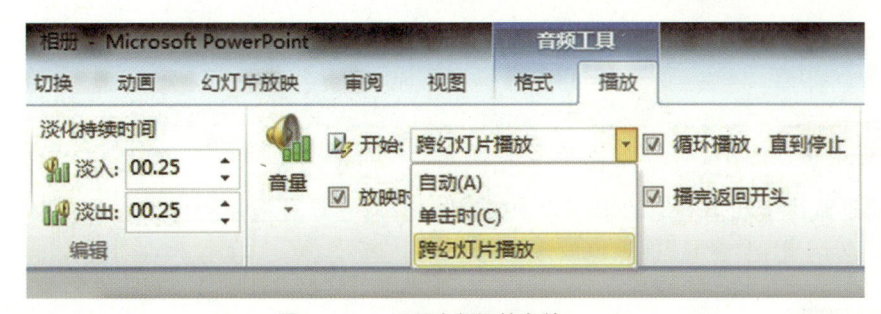

图4-2-34 设置音频播放参数

知识窗

Power Point 2010支持的声音格式较多,下表所列的音频格式文件都可以被添加到Power Point 2010演示文稿中。

Power Point 2010支持的音乐格式

音频文件	音频格式
AIFF音频文件(aiff)	.aif 、.aifc 、.aiff
AU音频文件	.au 、.snd
MIDI文件(midi)	.mid、.midi、.rmi
MP3音频文件(mp3)	.mp3 、.m3u
Windows音频文件(wav)	.wav
Windows Media音频文件(wma)	.wma 、.wax

对于音频文件,Power Point 2010还可以调节音量及剪裁音频,单击"音量"按钮,可对音量进行设置,如图4-2-35所示。单击"剪裁音频"按钮,在弹出的面板中可进行音频剪裁,如图4-2-36所示。

(a)　　　　　　　　　　(b)

图4-2-35 调节音量　　　图4-2-36 剪裁音频

173

任务五　添加视频

任务描述

变脸是流行于四川等地的川剧表演的特技之一，它具有很强的视觉效果。为增强幻灯片的整体效果，小江想把"变脸"视频也放入相册中。

任务实施

一、新建幻灯片

（1）单击第9张幻灯片，单击"开始"→"新建幻灯片"，选择"标题和内容"版式，如图4-2-37所示。

（2）输入标题"川剧变脸"，设置字体为"方正姚体"（标题），字号为"40号"，颜色为"白色"。

（3）单击"插入"→"视频"，选择"文件中的视频"，在弹出的"插入视频文件"对话框中选择"素材/模块四/项目二/变脸"，如图4-2-38所示。

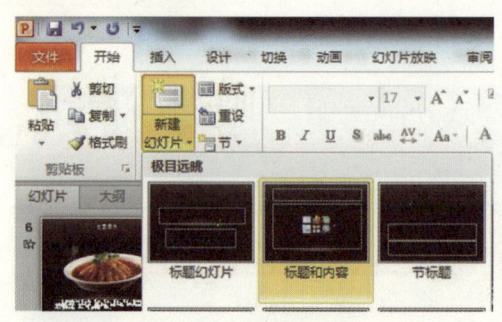

图4-2-37　新建幻灯片

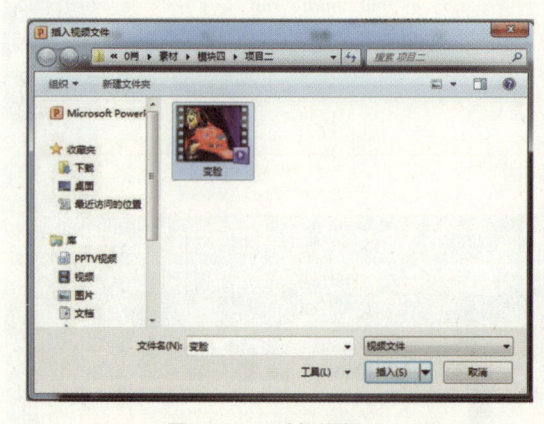

图4-2-38　选择视频

图4-2-39　调整视频大小

二、添加视频

（1）视频插入后，可通过鼠标拖动视频四个角来改变大小。
（2）按下方播放条上的"播放"按钮进行收看，如图4-2-39所示。

模块四　中文Power Point 2010演示文稿

> **知识窗**
>
> 选中插入的视频，单击菜单栏"播放"，可以对视频进行相应的参数设置、剪辑等，如自动播放、全屏播放等，如图4-2-40所示。

图4-2-40　设置视频播放参数

任务六　制作目录

任务描述

为相册制作目录，创建交互式电子相册，通过设置文本超链接、添加动作按钮等方法提高交互性，而不必从头看到尾。

任务实施

一、设置超链接

（1）选中第一张幻灯片后，并单击右键，在弹出的快捷菜单中选择"新建幻灯片"，如图4-2-41所示，这时便在第一张后面插入了一张新幻灯片。

（2）选中第二张幻灯片，单击"开始"→"版式"处，并选择"标题幻灯片"，如图4-2-42所示。

图4-2-41　插入新幻灯片　　　　图4-2-42　选择版式

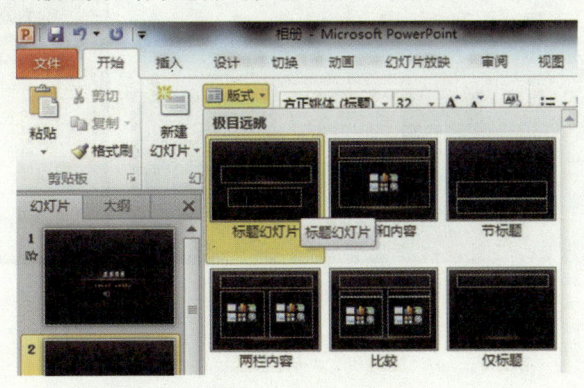

（3）输入标题，如图4-2-43所示。（字体、大小、颜色自定）

175

(4)选中目录文本,单击"开始",在"段落"组中,单击"项目符号"右侧的倒三角按钮,选中"带填充效果的钻石形项目符号",如图4-2-44所示。

图4-2-43 输入目录

图4-2-44 插入项目符号

(5)选中"川西风景",如图4-2-45所示。单击"插入"→"超链接",如图4-2-46所示,在弹出的"插入超链接"对话框中,选择"本文档中的位置"→"3 新都桥",单击"确定",设置如图4-2-47所示。

(6)依照相同的方法,设置文本"川西名小吃"链接至第七张幻灯片;设置"川剧变脸视频"链接至第11张幻灯片。

图4-2-45 选中文字

图4-2-46 超链接

图4-2-47 设置超链接

二、设置动作按钮

添加动作按钮也是创建超链接的一种方法,本任务要求在除了第一、二张幻灯片之外的所有幻灯片的上方,添加一组3个动作按钮,功能分别是"上一张""下一张""回到目录页",如图4-2-48所示。

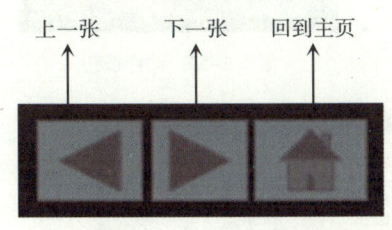

图4-2-48 动作按钮

(1)选中第三张幻灯片,单击菜单栏"视图"中的"幻灯片母版",如图4-2-49所示。

图4-2-49 进入幻灯片母版

(2)单击菜单栏"插入"中的"形状"按钮,在下拉列表中选择"动作按钮"区域的"动作按钮:后退或前一项"图标,如图4-2-50所示。

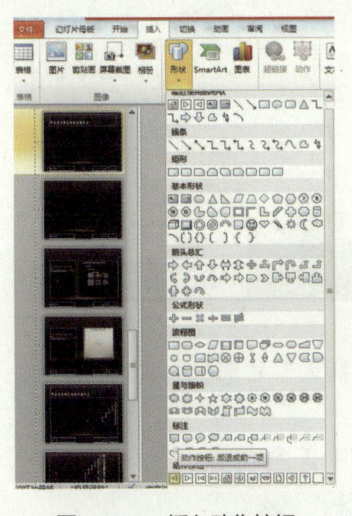

图4-2-50 插入动作按钮

图4-2-51 完成动作按钮设置

(3)在幻灯片的右上方单击并拖动左键绘制图形,释放左键弹出"动作设置"对话框,默认各选项,点"确定",如图4-2-51所示。

(4)根据相同的方法，在幻灯片母版中插入另外两个动作按钮，如图4-2-52所示，并将其放置于幻灯片右上角。

(5)同时选择三个动作按钮，单击"开始"→"排列"→"对齐"→"底端对齐"和"横向分布"，如图4-2-53所示。

图4-2-52　动作按钮

图4-2-53　设置按钮样式

图4-2-54　设置按钮颜色

(6)同时选中三个按钮，单击鼠标右键，在弹出的快捷菜单中选择"设置对象格式"，在出现的面板中，可设置按钮的填充颜色及线条颜色等，如图4-2-54所示。

(7)单击"幻灯片母版"→"关闭母版视图"，如图4-2-55所示。发现除第一、二及最后一张视频幻灯片以外，其他所有幻灯片右上角均会出现三个动作按钮。

图4-2-55　关闭母版视图

(8)选中最后一张幻灯片，可不进入母版，直接通过单击"插入"→"形状"→"动作按钮"，插入以上三个动作按钮。

(9)单击"幻灯片放映"→"从头开始"或按快捷键"F5"，如图4-2-56所示。

图4-2-56　播放幻灯片

178

项目小结

　　本项目主要完成了一个电子相册的制作。在制作中,小江学习了电子相册的创建,能够使用文本框为图片添加说明文字,为幻灯片添加了切换效果以及对图片、文本框添加了动画效果,使相册看起来具有动感,为相册添加了背景音乐和视频,使相册具有多媒体感观,为相册制作了目录,使相册成为交互式的电子相册,通过设置文本超链接,以及添加动作按钮等方法,可以让观看者直接跳转需要观看的内容。

学以致用

上网搜集资料,制作一个有主题的电子相册,要求如下:
(1)PPT中至少包含10张页面的幻灯片文件,注意风格的统一(可自行在网上下载模板)。
(2)内容主题不限。可以是介绍自己、介绍学校、旅游分享、班级相册、个人感想,等等。
(3)幻灯片中应该包含有标题、文字、图片等。
(4)PPT需要有多媒体的元素,如背景音乐、视频、动画等文件。
(5)演示文稿中要有相应的动画设置和页面切换效果。
(6)PPT内容有交互形式,如超链接、动作设置或动作按钮。
(7)每张幻灯片的右下角位置均显示自己的班级和姓名,但标题幻灯片中不显示。

项目三　精美的咖啡厅创业计划

学习目标

(1)会设计幻灯片母版。
(2)会插入和设置表格。
(3)会插入和设置图表。
(4)会插入和设置Smart Art图形。
(5)能利用所学知识完成一个较完整的Power Point作品。

项目介绍

小江的梦想是开一家咖啡厅,通过查资料、做调查,利用Power Point 2010软件制作了一份《咖啡厅创业计划》,效果如图4-3-1所示。

图4-3-1　咖啡厅创业计划

模块四　中文 Power Point 2010 演示文稿

项目介绍

任务一　制作幻灯片母版

任务描述

利用"幻灯片母版"制作一个漂亮且适合幻灯片内容的模板。

任务实施

一、新建母版

（1）新建一个 Power Point 文档，单击"视图"→"母版视图"组→"幻灯片母版"，如图4-3-2所示。

（2）单击右侧"Office 主题"，进入母版主题编辑状态，如图4-3-3所示。

（3）在文档中任意空白处单击鼠标右键，选择"设置背景格式"→"图片或纹理填充"→"文件"→插入素材中"背景"图片→设置背景图片的透明度为70%→将背景图片颜色"重新着色"为"橙色，强调文字颜色6浅色"。如图4-3-4、图4-3-5、图4-3-6所示。

（4）编辑母版标题样式，设置其对齐方式为"左对齐"、字体加粗、字号为"40号"、字体颜色为RGB（65、30、10），母版文本的字体颜色为RGB（130、70、20），如图4-3-7所示。

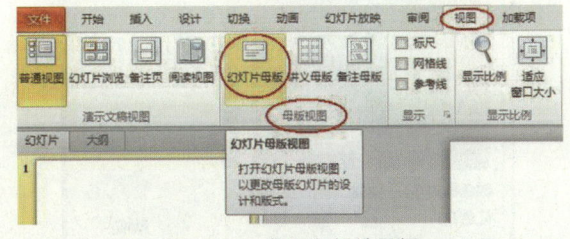

图4-3-2　打开幻灯片母版

图4-3-3　Office 主题

图4-3-4　选择"设置背景格式"

181

图4-3-5 设置透明度

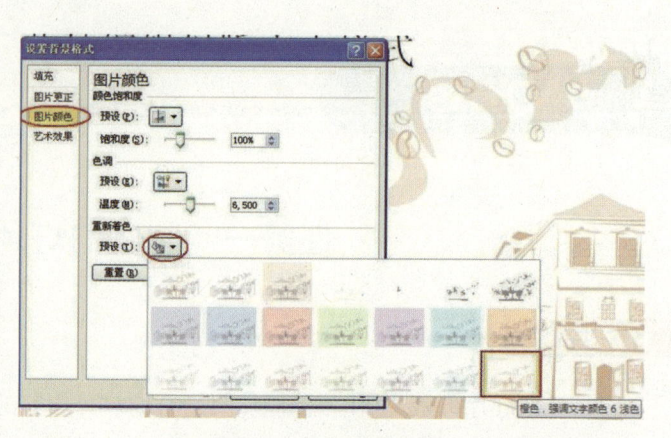

图4-3-6 设置图片颜色

图4-3-7 设置字体颜色

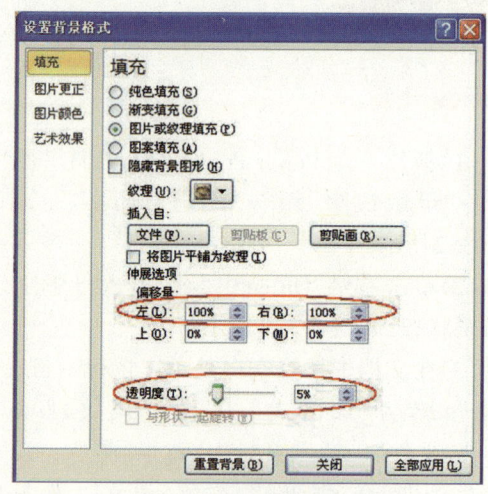

图4-3-8 设置背景格式

图4-3-9 定义动画

（5）插入素材"封面背景"图片作为标题母版背景，将"偏移量"左右都修改为100%，透明度为5%，如图4-3-8所示。设置"标题样式"，字体为"隶书""加粗""54号"、字体颜色RGB（65、30、10），放在相应的位置；设置"副标题样式"，字体为"宋体""加粗""28号"、字体颜色RGB（130、70、20），放在相应的位置；插入图片"徽标"调整大小并放在相应的位置，如图4-3-8所示。自定义动画"标题样式"和"副标题样式"为"动画"→"飞入"→"效果选项"→"自右侧"→"开始：上一动画之后"，如图4-3-9所示。自定义动画"徽标"为"动画"→"回旋"→"开始：上一动画之后"→"持续时间：01.00"。关闭母版视图。

模块四　中文 Power Point 2010 演示文稿

二、制作封面

（1）选择第一张幻灯片。
（2）输入文本"咖啡厅创业计划""2015级电商1班江岚"制作幻灯片封面。

三、制作幻灯片目录

（1）在第二张幻灯片中，输入七条目录。
（2）选中七条目录，单击"动画"→"飞入"→"效果选项"→"自右侧"→"开始：上一动画之后"→"持续时间：01.00"，效果如图4-3-10所示。

图4-3-10　目录效果　　　　　　　　图4-3-11　插入表格

任务二　制作图表

任务描述

学习幻灯片"表格"和"图表"的相关知识，制作幻灯片"市场分析"。

任务实施

一、新建表格

（1）新建幻灯片，将第三张幻灯片"咖啡标志"和"标题"复制、粘贴到第四张幻灯片相同的地方，并修改文字内容为"市场分析"。单击幻灯片编辑窗口"插入表格"的图标，插入一个3列6行的表格，如图4-3-11所示。

183

知识窗

在幻灯片中插入表格的方法很多,可以通过"插入"菜单→"表格"→"插入表格",也可以选中"插入"菜单,单击"表格"图标,在"表格"下拉菜单中通过拖动鼠标在小格子上划出表格的雏形,这里选择一个3列6行的表格。

(2)选中表格,单击表格"设计"菜单→"表格样式"→"中度样式2-强调6",如图4-3-12所示。

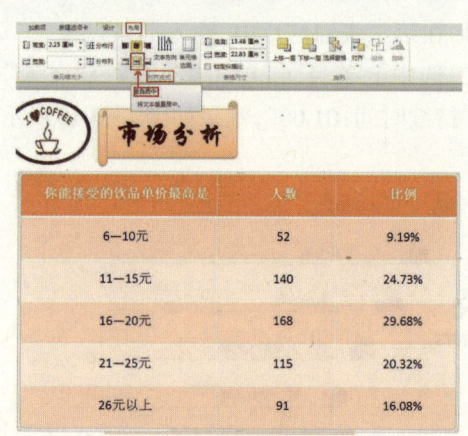

图4-3-12 美化表格　　图4-3-13 "市场分析"效果图

(3)输入内容,选中表格→"布局"→"对齐方式"→"垂直居中",并调整表格大小,如图4-3-13所示。

(4)选中表格,设置动画效果为"百叶窗"。

二、新建图表

(1)新建幻灯片,将第四张幻灯片"咖啡标志"和"标题"复制、粘贴到第五张幻灯片相同的地方。单击"插入图表"的 图标,插入"饼图"→"分离型三维饼图"或单击"插入"菜单→"图表"→"插入图表"的方法来插入图表,如图4-3-14所示。

(2)在数据编辑区域输入相应的内容,如图4-3-15所示。

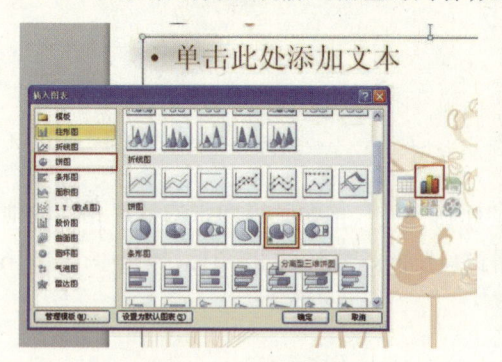

图4-3-14 插入图表　　图4-3-15 编辑数据

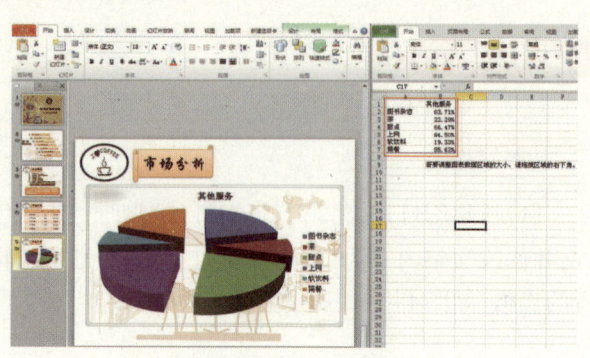

模块四　中文 Power Point 2010 演示文稿

（3）单击"图表工具"→"布局"→"数据标签"→"其他数据标签选项"→"标签选项"→选择"类别名称""百分比""显示引导线"，如图 4-3-16 所示。

（4）双击选中"图书杂志"蓝色饼型，选择"图表工具"→"格式"→"形状填充"→标准色"红色"；用同样的方法，将其他饼型沿顺时针依次修改颜色为："黄""橙""绿""蓝""紫"，如图 4-3-17 所示。

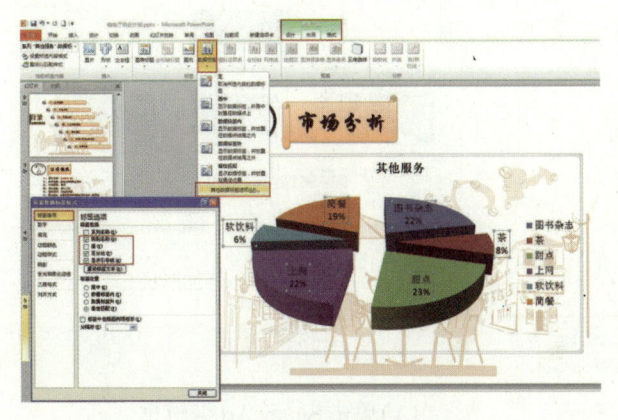

图 4-3-16　添加数据标签　　　　　　　图 4-3-17　美化图表

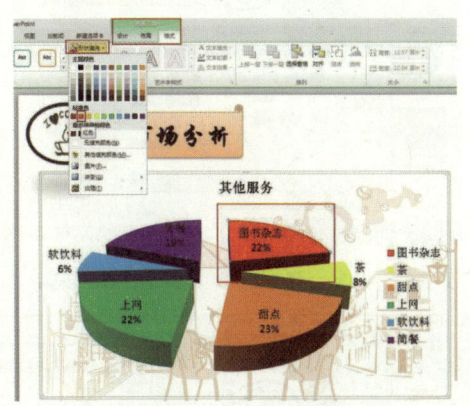

（5）选中图表，设置动画效果为"百叶窗"。

任务三　制作组织结构图

任务描述

"人员组织机构"要求层次分明，直观突出。利用"Smart Art"的相关知识来制作才能达到最理想的效果。

任务实施

一、新建组织结构图

（1）新建幻灯片，将第六张幻灯片"咖啡标志"和"标题"复制、粘贴到第七张幻灯片相同的地方，并修改文字内容为"人员组织机构"。

（2）单击"插入"→"插入 Smart Art 图形"→"层次结构"→"姓名和职务组织结构图"，如图 4-3-18 所示。

二、编辑组织结构图

（1）选中左侧"助理"关系的文本框单击鼠标右键，选择"剪切"。

185

(2)选中第二行左侧第一个文本框,单击鼠标右键→"添加形状"→"在后面添加形状"。
(3)用相同方法再添加一个"形状",如图4-3-19所示。

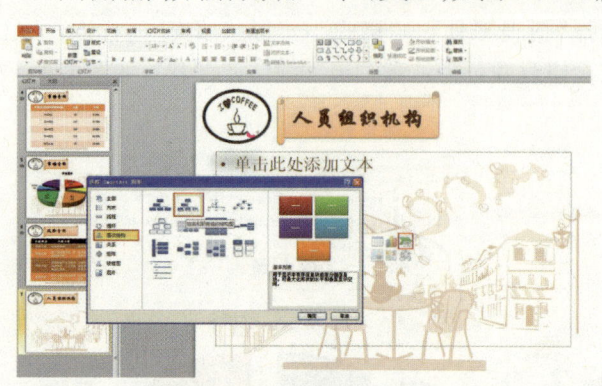

图4-3-18　插入组织机构图

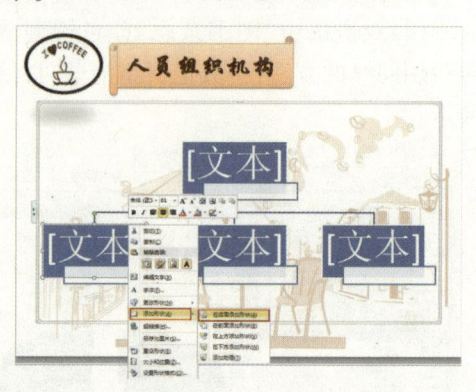

图4-3-19　添加形状

三、美化组织结构图

(1)单击Smart Art编辑框。

(2)单击"Smart Art工具"→"设计"→"Smart Art样式"→"白色轮廓",单击"更改颜色"→"彩色填充-强调文字颜色6",如图4-3-20所示。

四、组织结构图动画设置

图4-3-20　修改样式颜色

(1)输入文本。

(2)选中组织结构图,添加动画"缩放",如图4-3-21所示。

图4-3-21　效果图

任务四　完善创业计划书

任务描述

利用所学知识制作完成一个完整的幻灯片作品。

模块四　中文 Power Point 2010 演示文稿

任务实施

一、完善其他幻灯片

(1)运用所学知识,完成剩余幻灯片的制作。

(2)设置幻灯片内容的自定义动画和幻灯片的切换。如图4-3-22、图4-3-23、图4-3-24、图4-3-25、图4-3-26、图4-3-27、图4-3-28所示。

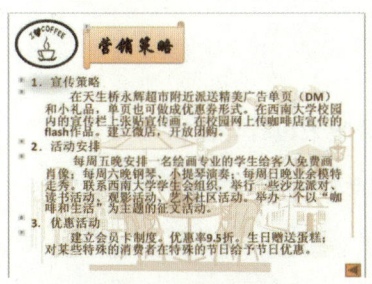

图4-3-22　营销策略

图4-3-23　分析报告(一)

图4-3-24　分析报告(二)

图4-3-25　店面展示

图4-3-26　产品展示(一)

图4-3-27　产品展示(二)

图4-3-28　谢谢观赏

二、超级链接

(1)选中第二张幻灯片。
(2)给"目录"添加超链接。

项目小结

通过本项目的学习,小江不仅了解了如何利用幻灯片母版来设计自己喜欢又与内容更贴切的幻灯片主题,还掌握了通过在幻灯片中插入各种形状、表格、图表以及Smart Art图形,使幻灯片内容更突出、生动、美观、丰富。

学以致用

(1)利用Power Point 2010制作一份《XX创业计划》,如酒吧、饰品店、网店、冰淇淋店、花店、DIY蛋糕店,等等。
(2)利用网络资源下载素材,制作一份幻灯片母版。

参考文献

[1] 莫绍强,陈善国.计算机应用基础实训教程(Windows 7 + Office 2010)[M].北京:中国铁道出版社,2014.

[2] 刘江林,童世华.计算机应用基础教程(Windows 7 + Office 2010)[M].北京:中国铁道出版社,2014.

[3] 黄福林.计算机基础知识项目教程[M].重庆:西南师范大学出版社,2012.

[4] 程力.中职素质教育[J].科学咨询,2014(03).

[5] 黄福林.中职学校电子商务客服人员的培养途径探讨[J].科学咨询,2013(01).

[6] 程力.浅谈网络的安全[J].科学咨询,2014(10).